Let them eat cake.

Let them eat cake.

戒除塑膠的
健康生活指南

傑伊‧辛哈 Jay Sinha
香朵‧普拉蒙登 Chantal Plamondon 著

黃怡雪 譯

Life Without Plastic

The Practical Step-by-Step Guide
to Avoiding Plastic to Keep
Your Family and the Planet Healthy

貝絲・泰瑞（Beth Terry）

準備好開始你的
無塑生活了嗎？

　　十年前，我讀過一篇關於海洋塑膠汙染（*我之前從來不曾聽過的問題*）的文章，當時看到的驚人畫面徹底改變了我的一生。照片裡是一隻信天翁幼鳥腐爛的屍體，因為肚子裡塞滿塑膠而活活餓死──牠的母親把漂浮在海裡的打火機、牙刷還有瓶蓋誤認為食物，並一直餵食這些物品給牠。當我領悟到我個人的選擇可能對幾千哩之外的生物造成傷害時，我整顆心都碎了。從那天開始，我展開了無塑生活可行性的實驗。我開了一個部落格紀錄減少使用日常塑膠製品的過程，諸如免洗的瓶子、袋子、杯子、吸管、食品包裝、洗髮精容器、護唇膏及牙膏的軟管，當然還有牙刷；同時也包含可重複使用的塑膠容器，包括食物保鮮容器和製冰盒，我再也不希望這些製品和我會放進嘴裡的東西有所接觸。

事實證明，要找到塑膠保鮮盒的替代品非常困難。我試過的所有不鏽鋼容器可以在冰箱短期保鮮使用，但它們既不密封也不防漏，所以沒辦法長時間把食物存放在冷凍庫裡。我也沒辦法用這些容器裝午餐，因為這可能會把我的背包弄得一團糟。一年後，我終於找到「無塑生活」（Life Without Plastic）這個線上商店，上面提供了一系列別緻密封且不漏水的不鏽鋼容器，可以解決我的問題。我寄了電子郵件跟網站經營者索取樣品試用，而這就是我和傑伊 · 辛哈（Jay Sinha）及香朵 · 普拉蒙登（Chantal Plamondon）認識的經過——他們是這本書的作者，也是我的好朋友。

當然，所有關係都會有好的和壞的時候，我們的關係一開始也有點不那麼完美。當我終於收到漂亮的嶄新「無塑生活」容器時，驚訝地發現容器本身竟然是用薄薄的塑膠袋包著裝在盒子裡。我留言感謝他們寄來的容器，但同時說明希望它沒有塑膠包裝。坦白說，我其實不期待自己的留言會有多大用處，所以當他們回信認同那層塑膠其實不太好、會試著把這種包裝淘汰掉時，我非常地高興。接著，他們就真的那麼做了。「無塑生活」是少數幾個為了對抗塑膠汙染問題而存在的營利公司，而在我的無塑旅程中，傑伊和香朵是我遇過少數幾位最有道德的生意人。

二〇一二年，我在我的著作《無塑：我如何戒除塑膠惡習，你也可以》（Plastic-Free）一書中，提到了無塑英雄傑伊和香朵的事。今天，我相當興奮能夠介紹他們的書——《戒除塑膠的健康生活

指南》（*Life Without Plastic*），這是一本剛剛加入塑汙這個成長快速的文類的書，告訴消費者如何採取行動來減少他們生活中的塑膠製品。與其他實用的「怎麼做」書籍不同，傑伊和香朵同時從企業經營者的觀點來探討這個主題；他們曾看過供應鏈的層面，而那大多數是像我們這樣的一般消費者無從窺見的。此外，除了針對不同類型塑膠的細節及相關的毒性問題，他們還提供了針對這些問題的最新資訊以及各種替代品的優缺點。希望各位願意閱讀並喜歡上這本書，最重要的是，請實際去做。我們所有人都可以是塑膠汙染解決方案的一份子！

| 作者介紹 |

貝絲・泰瑞是網站《我的無塑生活》（MyPlasticfreeLife. com）的創辦人，也是《無塑：我如何戒除塑膠惡習，你也可以》（*Plastic- Free: How I Kicked the Plastic Habit and How You Can Too*）一書的作者。

我們的「無塑之路」

「我有個主意！」香朵大叫道。

對傑伊來說，這通常表示她很興奮或感到驚奇，有時候則是因為不安。香朵腦中常會迸出靈光乍現的點子，既新鮮且原始、沒考慮過可行性；但只要一起討論計畫，這些想法就有可能付諸實現。當然，其中的挑戰往往在於，以我們有限的生命能量與資源，更該決定挑選哪個想法來實際執行。通常我們會專注在可以產生最大影響力的地方，同時以我們的價值觀過日子。但有時候我們往往不會想這麼多，而是會直接去做。

這個主意最後被留了下來。

「我們弄個網站賣塑膠的替代品怎麼樣？」香朵問。

當時我們正開車前往香朵父親家參加家族聚會，我們那棟三

〇年代的三樓公寓位於渥太華，她父親的家則在魁北克聖泰雷斯（Sainte-Thérèse）的郊區，就在蒙特婁的北邊。我們兩歲大的兒子在溫暖的汽車座椅上睡著了。公路旅行其實就像到森林裡或是海邊散步一樣，一直都是孕育想法與計畫的沃土。

這個線上商店的主意挺有意思──我們一直在尋找一種方法，想透過一個可以支持我們生活方式和價值觀的事業，來降低我們對地球的不良影響，而擺脫塑膠製品絕對是高度優先。我們具備的知識技術和興趣與這個計畫相當契合，也一直對道德企業（ethical business）很有興趣，想開創自己的道德企業；傑伊擁有科學背景，在生物化學和生態毒理學（Ecotoxicology）方面皆有涉獵。結合我們對自然世界和健康生活共有的熱愛，應該很有戲。因此這個主意很快就發展成有形的實體。

接著有趣的地方就來了……

「那這個網站要叫什麼名字？」

說起「塑膠」這兩個字，你最先想到的會是什麼？也許是某個皺巴巴、像玻璃紙一般的購物袋；或有著白色蓋子、顯然只能用一次的透明水瓶；又或某個玩具，樂高？通卡（Tonka）卡車？洋娃娃？

也許你會想到信用卡，這年頭用塑膠卡片付款實在太容易了，而在某些國家，就連真正的實體貨幣也是塑膠做的。就像在加拿大，紙幣已經不再是紙做的了，用的是雙面拉伸聚丙烯（biaxially-oriented polypropylene）塑膠，你還可以看到鈔票的另一面。

　　如果你已經適應了這個塑膠議題，你也許會看到袋子被卡在樹上，或瓶子、橡膠小鴨沿著你住處當地的河漂流。也許你已經看過北太平洋的公海上那一堆巨大的漂流塑膠，又或者你已經看過海鳥的屍體解剖，顯示牠飽脹的胃因為色彩繽紛的鋸齒狀致命塑膠而爆開。這些我們生活中常用的塑膠製品，讓我們付出這樣巨大的、難以收拾的的代價，但在被扔進垃圾桶或拿去回收前，可能只使用了**幾分鐘**而已。

　　注意看。現在，想想這幾個字：**無塑生活**。你會想到什麼？也許是「不可能」，對嗎？

　　你絕對是正確的，目前這確實是還不可能——在這個珍貴的星球上，除非你是某個土著部落的一份子，在亞馬遜過著純粹維持生命的生活；或者到蠻荒之地體驗類似像野營的生活方式，種植並採集你所需的所有食物……但就算如此，塑膠也會找到你。

　　從微觀的角度來看，目前塑膠幾乎可說是充斥在全世界的各個角落。它存在於空中、存在於土壤、存在於水裡。這就是現實，得證於不斷增加的科學研究，記錄著我們全球的塑膠足跡。

　　除了我們生活週遭幾乎看不見的微小塑膠顆粒外，在這個時代要過完全沒有塑膠的生活幾乎是不可能的──鑒於我們大多數人居住的當代都會環境。其實很難避免使用塑膠製品，在我們寫下這段文字的同時，我們用來打字的鍵盤是塑膠做的、我們的手機和平板也是。汽車佔了成型塑膠中很大的比例，多數家庭裡也到處都是塑膠，從牆壁、地板到照明設備。接下來還有隨處可見的塑膠包裝，幾乎包覆了每個你想得到的產品，從蘋果到雞蛋、泡泡浴到口紅、玩具車到印表機墨水匣。

　　我們周圍充滿了有毒的汙染難題，都是多功能又方便的塑膠所造成的。但是，日常生活中其實有很多方法可以**避開**塑膠，無論你在哪裡，無論你的職業是什麼。你需要的僅是一點點的覺察和行動──我們喜歡稱它為「教育行動」。

　　無塑生活是我們的目標。我們終其一生都無法達到這個絕對的目標（塑膠的生命實在太長，我們很難活得比它還久），但這並不是重點；重要的是努力，盡可能在人力所及的範圍內全力避免使用有毒、會造成汙染的塑膠，是我們的世界當前亟需的行動。過沒有塑膠的生活是一個值得努力達成的目標，基於很簡單的理由──塑膠對所有的生物有害，且會快速汙染我們星球上的每個角落和縫隙。

　　我們同意許多塑膠具有極為實用的特性，比如重量輕、有彈性、防潮、能耐溫度變化，可抗化學物質侵蝕、耐用且價格低廉。我們也同意，耐用的塑膠在某些地方（像是醫院）、或在電腦、手機、安全及工業設備上，扮演了重要角色。儘管我們希望最終能看到一場產品設計的革命，全面使用更加安全、無汙染性的材料來取代塑膠，不過我們在書中的焦點其實是那些在日常生活中傷害最大、可以輕易避開的塑膠上。

　　無塑生活是我們過去十年間花了大半時間努力，並幫助世界各地的人們致力達成的目標。關於這件事我們有些話想說，希望可以在各位的無塑旅程上有所幫助。

　　但首先，我們要告訴各位關於我們踏上無塑生活旅程的一些點滴……那趟公路旅行如何演變成「無塑生活」這四個字，又是怎樣改變了我們的一切。

　　我們從未計畫要成為無塑生活的專家及革命鬥士。那只是在我們尋求一種健康、低廢棄物的生活方式時剛好發生的，不過這

一路上也有許多相當有力的觸媒幫助我們。

　　一切都得回到二〇〇二年，香朵懷孕的時候，她開始進行許多準媽媽研究和閱讀，當時她讀到一篇文章，說從塑膠中釋出的化學物質可能會對生物造成危害。那篇文章說明了因為接觸這類化學物質，最可能產生不良健康效應的人包括了兒童（尤其是嬰幼兒，因為他們的具體而微的各種系統還在發育初期）和他們的母親（她們受孕後即將生育的身體裡有大量賀爾蒙流動），這讓我們感到震驚和驚嚇。

　　從許多角度來看我們已經非常有環保意識，我們會回收、堆肥、吃有機食品、消耗許多堅果麥片並擁抱樹木（最後兩項比較算是傑伊的嗜好），但是我們並不曾想過那些爭議已久的塑膠問題。我們會反覆清洗並重複使用一次性的水瓶，還覺得自己超級有環境意識，因為我們避免了它們只使用一次就被回收、或是被直接丟進垃圾桶，最後掩埋。我們並沒有意識到每一次的使用和清洗，其實都會讓這些便宜、不穩定的塑膠分解，並增加了化學物質跟微小的塑膠粒子釋放到飲水裡的機會。它們被設計成只能使用一次其實是有原因的！

　　在我們的兒子出生的前一年，我們開始經歷奇怪的身體症狀——鼻水流不停、身體起疹子、眼睛發炎、慢性疲勞、還有關節疼痛，最讓人不安的是找不到原因在哪裡。香朵當時已經懷孕，因此疲勞和不尋常的全新身體感受對她來說其實是預料

之中，但當時還有某些預料外的狀況正在發生。我們兩個都有這樣的感覺。

香朵懷孕八個月的時候，檢驗人員在我們潮濕的地下室發現黑色的黴菌，而且他們很確定從黴菌散發出來的孢子正透過通風系統進到我們的公寓。黴菌的孢子可能就是讓我們產生症狀的原因。他們建議我們當天就搬走，特別是為了香朵和她腹中胎兒的安全。

這次的黴菌經驗讓我們對日常生活周遭的有毒物質變得更加敏感，不論是理解上或身體上。

幸運的是，在一個寒冷的一月早晨，當我們的兒子一大清早誕生在這個世上時，他是個重達三千公克的健康嬰兒，充滿生氣、喜樂、魔力，而且似乎對於在他出生前的狀況毫不知情。

他的名字叫喬第，在梵文和孟加拉語中的意思是指「光輝」或「光芒」。而且他確實就是這樣的孩子。從許多方面來看，照亮我們通往無塑生活之路的人一直都是他。他出生之後，香朵用母乳哺餵他，但有時候我們仍然必須儲存她的母乳，我們實在無法忍受必須把這種充滿抗體、給予生命的瓊漿放進得煮沸消毒的塑膠瓶裡。我們現在都對從塑膠材質的食物和飲料容器中釋放出來的化學物質很小心，尤其是當它們曾暴露在極高溫（如煮沸）的時候。於是香朵開始到處尋找玻璃材質的嬰兒奶瓶。

　　如果我們回到三十或四十年前，玻璃嬰兒奶瓶其實是常規用品。但二〇〇三年可就不是這樣了，當時嬰兒奶瓶幾乎只有塑膠製的。最後她找到一個機會：一家位於俄亥俄州的品牌「嬰福樂」（Evenflo）仍在製造玻璃奶瓶。她跟他們聯絡想訂購一些奶瓶，他們說，沒有問題，但最小訂購量是一千個！他們只接受批發的量。針對我們立即的需求，我們只能去找一些二手玻璃奶瓶，但是那次的經驗讓我們久久不能忘懷，並種下了一個富有生命力的新種子。

　　我們也想要找個不含塑膠的水瓶，在二〇〇五年，這說起來容易做起來難。網路檢索帶我們找到一個可靠的機會：一家位於加州，叫「Klean Kanteen」的公司。香朵訂購了一對，我們試用過後都很喜歡，這又是另一個種子。

　　香朵一直都想創立自己的事業，這個塑膠議題就像是實現夢想的完美路徑。我們做了好幾年白日夢，想要貢獻已力，減少全世界每一天每一秒被大量消費掉的塑膠。我們要告訴大家，這些會釋出毒物的塑膠可能對人體和動物健康造成的傷害，以及塑膠廢棄物增加對環境造成的災害。根據我們自己的經驗，我們常常想要尋找用非塑膠材料製成的日常產品，卻總是徒勞無功。我們很快就領悟到，要有效幫助人們減少塑膠使用量和暴露量，就必須告訴他們有哪些替代品可以取代塑膠製品。我們也透過檢索了解到，市面上仍有少數可以替代塑膠的消費性產品，尤其是裝食物和飲料的容器。之後那場關鍵的公

路旅行對話就這樣發生了。

二〇〇五年，我們兩個都在為聯邦政府工作，而且找不到好的照顧者可以陪伴喬第。這正是我們需要的催化劑，再強調一次，那個可愛的小小孩正閃耀著光芒，帶領我們走上無塑的生活方向。香朵選擇離職，開始一邊著手建立公司，一邊照顧喬第。我們的線上商店「無塑生活」就是這樣開始的，它有個包羅萬象的宣傳標語，我們提供安全、高品質、來源合乎道德倫理、而且環保的產品來取代日常塑膠用品。

一開始只有少數幾種產品，而且各位或許還猜得出大概有哪些產品⋯⋯除了一些香朵在亞洲商品貿易展上找到的不鏽鋼食物容器以外，還包括各種尺寸的 Klean Kanteen 不鏽鋼水瓶、嬰福樂的玻璃嬰兒奶瓶。

一開始，我們打算提供人們充實的資訊，說明塑膠對人體健康和環境造成的傷害。有了這些資訊，他們就可以選擇是否採取行動，決定是否要減少生活中的塑膠使用量。如果他們想找取代自己現有塑膠用品的替代品，我們有一些產品可以提供，都是我們曾試用過並在自己生活中常常使用的。

在那個時候，是有一些科學研究在探討某些塑膠用品中釋出的化學物質對健康造成的危害，但為數不多，而且很難找到決定性的研究——儘管確實有一些。除了像我們這樣因個人理由而自

行研究的人以外，大眾對塑膠用品的看法仍相當良好且不覺得這會出什麼問題。我們知道塑膠用品有點不對勁，因此我們想要採取預防措施並盡量避免使用，然而，大多數人並不知道使用塑膠可能會對他們的健康造成危害。大眾對於塑膠用品會釋出有毒化學物質的冷漠態度在二〇〇七年開始轉變，當時媒體開始談論某種被稱為雙酚A（BPA）的物質。

各位可能已經聽過雙酚A，它是一種合成的塑膠化學物質，是某些堅硬、透明塑膠的構成單元，這些塑膠叫做聚碳酸酯，還有一些則是環氧樹脂。聚碳酸酯被用來製造水瓶、餐具、CD和DVD之類的用品，以雙酚A為基底的環氧樹脂則被用於金屬食物罐頭的內層和收銀機收據。雙酚A的問題在於它是一種內分泌干擾物，意謂著它會干擾體內的正常荷爾蒙作用；特別是，它會模仿女性的性荷爾蒙雌激素，可能與某些健康問題有關，從肥胖到癌症都有可能，就算只有極少的暴露量亦然。

二〇〇七年，環保團體「加拿大環境保護組織」（Environmental Defence Canada）彙集了快速累積的科學研究，開始宣導雙酚A相關健康問題，並呼籲在消費性產品中禁用雙酚A。有些加拿大零售商因此將聚碳酸酯水瓶和嬰兒奶瓶下架，我們也不斷接到電話，要求我們接受媒體採訪，說明雙酚A及塑膠相關的議題。

對我們來說，事情到這個時候才真正開始，因為對無塑膠奶瓶的需求幾乎是一夜之間爆發開來。我們領悟到這個議題將會持續存在，而且我們會在觀念推廣上扮演重要角色，同時使世界減少對塑膠的癮頭。我們定期和我們位於美國，快速成長的不鏽鋼瓶供應商密切接觸，希望增加訂購量並加快出貨速度。在一次的對話當中，加拿大對於不鏽鋼瓶的大量需求讓一位 Klean Kanteen 的員工感到很震驚，他問我們：「加拿大現在到底是什麼情形？！」

　　當時發生的事是，加拿大正要成為全世界第一個禁止使用雙酚 A 的國家，聯邦政府在二〇〇八年的禁令只限於嬰兒奶瓶和嬰兒奶粉容器的內襯，卻為世界各地其他類似的禁令鋪了路，包括美國和歐洲。而且可能催生出更廣泛、更加預防性的禁令。為什麼我們會這麼說？因為目前的禁令只限於嬰兒奶瓶，卻忽略了一個事實：我們生活周遭的大批其他塑膠製品和我們每天吃的食物中其實都有雙酚 A。雙酚 A 和其他會從塑膠當中釋放出來的化學物質有關的健康議題的科學研究，數量一直持續不斷增加中。

　　在揭露所有跟塑膠有關的健康議題的同時，我們觀察到塑膠汙染驚人的環境衝擊（在海洋方面尤其明顯）正獲得越來越多的媒體和全球性的關注。我們透過自己的管道推廣這個議題，包括我們的網站和社交媒體、部落格文章、還有媒體採訪。透過發起減少塑膠袋使用的活動，針對當地的節慶和活動提供大容量的不鏽鋼給水器，以及舉行影片放映會，我們提升了自己所住的魁北克韋克菲爾德（Wakefield）社區居民的意識。我們持續尋求新的、

可以在我們的線上商店供應的無塑替代品。我們也認識了更多來自全世界，在塑膠毒物和汙染前線努力，充滿熱情和遠見的人士。沒錯，這件事正逐步成為全球性的運動。

刺激這場運動的其中一股力量，是位於加州的塑膠汙染聯盟（Plastic Pollution Coalition，簡稱 PPC），它在二○○九年成立，使命是要阻止塑膠汙染以及它對人類、動物和環境產生的有毒衝擊。我們從一開始就是活躍的 PPC 成員，並驕傲地在我們店裡提供他們的產品，收益直接用來支持 PPC 的全球使命。

那麼解決方案是什麼呢？其實有很多很多解決方案，我們只是被自己的想像力和渴望改變的心所限制。這本書會提到廣泛的解決方案，並且提供秘訣和替代品給各位，但我們認為整個解決方案的關鍵根本元素其實是我們應該要：

- 透過避用塑膠並使用替代產品，從源頭停止塑膠汙染及毒害。被分散到世界各地的塑膠太過微小，此時此刻難以清除，所以必須減少新塑膠進入我們生活中的路徑。我們用的塑膠越少，健康受到危害的風險就越低，塑膠汙染也越少。預防和避免的觀念應該要銘刻在我們心裡。
- 改變我們對於現存塑膠的認知，不要認為它們是必須丟棄的廢棄物，**轉而把塑膠視為有價值**（雖然可能會有

毒）**的資源**。塑膠必須仔細回收，並透過安全、跟食物無關、不會造成汙染的應用方式重複使用。

● 朝循環經濟系統前進，在這個系統當中，塑膠永遠不會被浪費。相反地，透過回收再利用，它們都會重新進入經濟體系中。**應該要從一開始就把塑膠產品設計成永遠不會變成廢棄物。**用來製造塑膠的材料應該要從化石燃料和合成的化學物質轉換成安全、可更新、不含化學物質的生物性來源。

● 接納個人行動和以社區為基礎的當地行動。儘管全球性的解決方案也是必須的，但其實要個人跟社區的層次先發生改變，才有可能在日常生活中實際執行。這其實正是最明確，而且每個人都可以接受的無塑改變發生之處。你得領悟自己個人的決定確實會發揮影響力，如今我們這個互相關連、社交媒體充斥的世界最美好的地方，就是所有個體都是世界的決策者，只要按一個鈕就能碰觸全世界。

這就是無塑旅程至今教給我們的成果。而且這還只是我們要帶給你們的訊息中的一部分，我們還會在本書中談到：更深入的塑膠資訊及最佳的替代品，還有一些簡單且實用的秘訣、工具和技巧，可以讓你在日常生活中避免用到塑膠。

我們要謝謝兒子這個小太陽，他幫助我們走上無塑的生活，而且一直牽著我們的手。直到現在都還是如此，他幫忙包裝不含塑膠的牙刷和牙線訂單、拍攝動畫影片，描繪捏麵人從不鏽鋼容

器中逃出來的旅程、並開箱說明日本的木製玩具可取代傳統的塑膠樂高。沒錯，在我們事業的動機與行動中，他一直都是熱情閃耀的核心，而且會一直持續下去。

　　請把這本書當做是無塑生活的啟蒙書，目的是要幫助各位減少生活中的各種塑膠製品；**不要因為這個議題太大，且你認為自己可以（或覺得自己應該要）做到而感到挫敗，我們的目的不是要讓各位覺得有罪惡感。你得用對自己行得通的方式去生活，而我們深信一步一腳印就能達成可觀且有意義的目標。**透過這本按部就班的指南，我們會牽著你的手，慢慢帶著你一步步在日常生活的各個方面避免使用塑膠。

　　我們是無塑生活的倡導者，也會研究其他努力減塑生活者的例子，像是貝絲‧泰瑞，部落格《我的無塑生活》（My Plastic Free Life）的創辦人；以及那些經營著有遠見的組織，積極推行無塑變革的人們，例如：塑膠汙染聯盟（Plastic Pollution Coalition，簡稱 PPC）、阿爾加利特海洋研究中心（Algalita Marine Research and Education）、五大環流研究所（5 Gyres Institute）、塑膠濃湯基金會（Plastic Soup Foundation）和塑膠海（Plastic Oceans）。

　　我們也從參與快速成長的「零廢棄」（zero waste）運動的人們身上學習，並和他們保持連繫，像是部落客勞倫‧辛格（Lauren Singer）──她的部落格名稱是《垃圾是給無用

之人》（*Trash Is for Tossers*），還有《我家沒垃圾》（*Zero Waste Hom*，遠流出版）的作者貝亞‧強森（Bea Johnson）。他們都已經把自覺、優雅的生活態度上升到美麗和創意的層次，且對於避開日常生活中塑膠製品的方法，提供了有力且具啟發性的實例。零廢棄是無塑生活的一個天然而全面的姊妹觀點及做法，但請各位注意，本書不會特別偏重零廢棄生活。

這本書並不打算顛覆塑膠汙染這一論點，這個論點有個強大的前提，必須停止塑膠汙染，因為它正在塞爆我們的海洋，覆蓋我們的土地，且立即影響我們的健康，可能會影響未來的好幾個世代。任何人都可以 Google 到一些資料說拋棄式塑膠對環境的友善程度比耐用產品來得高，但那是一種狹隘的環境觀點，我們並不想往那個方向走，加入那種你來我往的論述。我們早就選擇要對抗塑膠的毒性和汙染議題，而且會堅守這個使命。

這本書的目的並不只是試圖說服各位接受無塑生活這個目標。能改變你的只有你自己，朝這個方向改變自己，你將會成為一股強大的改變力量，成為其他人的典範。如果你購物時隨身攜帶可重複使用的購物袋，其他人看到你，包括你的鄰居和孩子，糾正店裡每個收銀員「每個顧客都要提供塑膠袋」的觀念很快就會變成再正常不過的事情。

在這裡我們主要說明，為什麼無塑生活是值得所有人考慮的目標，並幫助每個人以具體的秘訣和工具開始行動。對許多才剛

接觸到減塑生活這個想法的人來說，直接迎向完整的目標可能令人卻步。對有些人來說，比如貝絲、貝亞和羅倫（或許還包括你），在生活中的各方面完全擁抱這個理念，將之視為刺激的挑戰，而非一項艱鉅而難以達成的任務。但跟多數人相比，他們其實比較像是激勵人心的例外，我們必須以自己的方式盡力去滿足任務。無論你在旅程中的何處，我們的目的都是要幫助你展開這個過程，意識到你生活周遭的塑膠，並且開始採取行動，透過尋找替代產品來減少你的塑膠使用量。

如果你才剛展開你的無塑旅程，可能會想留意一則最初的重要建議：或許你剛踏上旅程時會很興奮，但想要完全且一勞永逸地戒除塑膠。但你得要小心——一旦開始注意到自己生活周遭的塑膠，你可能很快就感到崩潰氣餒。先從一個改變開始就好，把它整合到你的生活以及例行公事當中，接著再進行下一個，這就是這本書按部就班提供指南的原因。**一次進行一個步驟就好**，這一切都是為了改變習慣，需要時間、努力和耐心。

我們想要幫助你在生活中做出簡單的改變，以改善自己和家人的健康，以及我們共享的全球環境的健康。健康是我們最根本的焦點。我們相信預防措施的重要，特別是科學研究持續揭露越來越多的證據，證實塑膠釋放的化學物質確實或可能危害健康。我們堅定地追隨預防法則，依據這個法則，如果某個活動或產品可能對健康或環境有害，那就應該採取預防行動——即便科學證據還不完全清楚亦然。

我們會分享這一路上學到的祕訣，包括我們自己持續進行的研究所得，以及忠實的顧客及粉絲不斷提供給我們的精闢回饋和建議，他們堅定地過著無塑生活並尋找塑膠替代品。所以，不論你是想找第一個可重複使用的水瓶，或者你是老練的無塑愛好者，想知道無塑膠瑜珈墊有哪些選擇，這裡會有很多建議和想法可以提供給你。

　　接下來，我們會先從一些讓你可以立即進行的速成活動開始，提供一些任何人都可以隨時隨地進行、超級簡單且有效的塑膠減量行動。接著我們會帶你逐步走過塑膠地景，說明塑膠是什麼以及一些重要的術語。我們會加強說明不同類型的常見塑膠，以及它們對你的健康和環境有多危險。回收是解決方案嗎？我們會讓各位明白，只有回收是不夠的。那生物塑膠呢？也只解決了一部分而已。我們還會快速瀏覽市面上用來取代塑膠的日常產品中所用的各種替代材料。

　　我們會幫助你評估塑膠在你個人空間中出現的程度，接著透過我們的家，提出針對無塑替代品的建議，以創造更健康的生活空間。踏出家門後，無論你會去哪裡：餐廳、健身房、辦公室、學校、大學、林中健行或到世界的另一頭旅遊，我們都會在你身邊。

　　最後，我們會提供建議，讓你可以跨出自己的個人生活，向別人散播無塑的生活方式。如果你覺得需要把關於無塑生活的觀念散播得更廣更遠，我們會提供你想法和工具用於無塑活動及社

區行動，也包括極為有效甚至藝術性的個人行動，還可能觸及全球。

我們在這本書中提供了秘訣和技巧（那些「怎麼做」的步驟），但在本書最後提供的附錄章節裡，我們也針對實際的產品品牌提供了一些建議。我們並不是讓它們零星地散落在整本書當中，而是把它們集中放在書最後的章節裡，讓你可以一眼就看到全部，並且更容易比較。這些附錄所呈現的順序，就跟本書的進行順序一樣。各位可以在我們的線上商店找到許多塑膠產品的替代品，但這本書並不是要當作我們的產品目錄。無論我們有沒有在販售，我們都會告知已經找到、且可根據我們無塑的健康與環境準則提出建議的產品，我們未必試用過自己所建議的每一項產品，但根據研究和經驗，我們信任自己所提供的來源。在這裡我們只稍微介紹了一小部分，市面上無疑還有更多其他的無塑產品是我們沒有注意到的。請記得持續尋找新的替代品！

請記住，雖然我們是這本書的作者，還創立了名叫「無塑生活」的事業，也未必會過著完全無塑的生活。比起一般人，我們生活上用的塑膠確實比較少（**容易取得一些最新的替代品其實滿有幫助的**），但是我們的家和生活絕對不是完全沒有塑膠，有時候我們甚至還是會購買用塑膠包裝的產品。對於沒有過著完全減塑生活，我們並不覺得有罪惡感。我們知道自己正在發揮影響力，盡自己所能地拒用、減用、重複使用、找出新

用途、修理、重新發明、回收，以及，像貝亞‧強森說的，「分解」
（如拿去堆肥）！

　　無論我們恰巧在這個壯麗星球上的何處，塑膠確實就在我們
的周遭——從極地冰原、深海一直到你的臥室、浴室、廚房和辦
公室。開始減少你接觸的塑膠數量和足跡吧，這永遠不會太早或
太晚。

　　一路照亮我們通往無塑生活旅程的兒子今年已經十四歲了。
我們希望他能夠在一個不把呼吸、喝、吃微塑膠粒子視為正常、
而且在海灘發現塑膠袋和塑膠瓶已經是往日鬧劇的世界裡長大。
我們的世界還沒達到這個境界，但是大家合力的話就能做到。希
望各位可以加入我們的行列，踏上這趟無塑生活的旅程，讓我們
所有人都能獲得更好的健康，包括你自己、你所愛的人，以及我
們那神奇的、所有人共享的大地之母。

　　前進吧！

目錄

超級簡單的「帕雷托無塑生活」
好生活的快速入門指南

塑膠製品以及替代品
什麼是塑性腦？

我們的星球正在受害／我們周圍的常見塑膠日益嚴重的毒物問題／罷凌我們體內荷爾蒙的嚴重問題：干擾內分泌的化學物質／「生物」塑膠是什麼？／回收迷思／生物塑膠

第一章

超級簡單的
「帕雷托無塑生活」
好生活的快速入門指南

　　如果你恰巧是出於好奇而挑了這本書——因為曾經聽過塑膠的議題，本書的標題也激起了你的興趣——我們將會幫助你馬上採取行動，透過減少你的塑膠足跡、增加你對自己生活中塑膠製品的自覺，來改善你和環境的健康。沒錯，你馬上就可以做一些決定，採用幾個能在自己日常生活中產生極大影響的做法。而且你沒看錯，我們稍早在自序裡確實說過要一步一步來，但這些做法非常簡單、相輔相成，所以同時進行是沒問題的。最終你都可以被導引到一個無塑、易養成習慣的方向。

　　我們為什麼要把它稱為「『帕雷托』（Pareto）無塑生活快速入門指南」？因為根據帕雷托法則（Pareto principle）——它比較為人所知的名字是八〇／二〇法則（80／20 rule），八〇%

的結果其實來自於二〇％的努力。因此如果你剛展開始那令人興奮的無塑旅程，而你目前過的生活仍包含許多用後即丟、只能使用一次的塑膠產品，那麼這些簡單的行動（其中的二十〇％）降低你消耗並丟棄塑膠的比例，大概就能逼近八〇％。這些項目屬於最常見的塑膠廢棄物汙染種類，所以把它們從你的生活中移除，就能從根本大幅解決塑膠汙染的問題。趕快行動吧！

以下是六種最糟糕的塑膠汙染來源，以及你現在就可以採取的簡單行動——立刻用無塑替代品取代它們。

只能用一次的拋棄式塑膠用品 罪魁禍首	你現在就可以採取的行動	更多詳情
塑膠袋	拒絕塑膠袋，自備可重複使用的袋子去購物；用布製提袋或至少材質較厚、可無限期使用的耐用塑膠袋	請閱讀第四章〈廚房和買菜〉
塑膠水瓶	拒用拋棄式的塑膠水瓶，隨身攜帶裝滿的可重複使用水瓶；玻璃或不鏽鋼材質	請閱讀第五章〈餐廳和外帶〉
塑膠咖啡杯、茶杯，以及蓋子 或是內襯有塑膠的紙杯	拒用拋棄式的杯子和蓋子，隨身攜帶自己的馬克杯：玻璃、陶瓷或不鏽鋼材質	請閱讀第五章〈餐廳和外帶〉

只能用一次的 拋棄式塑膠用品 罪魁禍首	你現在就可以 採取的行動	更多詳情
塑膠食物容器	拒用塑膠食物容器,隨身攜帶可重複使用、不含塑膠的食物容器;玻璃、不鏽鋼或木頭材質	請閱讀第五章〈餐廳和外帶〉
塑膠餐具	拒用塑膠餐具,改用可重複使用、不含塑膠的替代品;竹子、不鏽鋼或木頭材質	請閱讀第五章〈餐廳和外帶〉
塑膠吸管	拒用店家提供的塑膠吸管,攜帶自己的可重複使用吸管;竹子、玻璃、或不鏽鋼材質	請閱讀第五章〈餐廳和外帶〉

　　如果這讓你覺得很有挑戰性,不用擔心。這很正常,你正要改變的是根深蒂固的習慣,而這需要時間。但如果這對你來說很輕鬆,那就試著再進一步——看起來可能很簡單,但實際上非常難的一步:試著不再使用所有免洗的拋棄式塑膠產品。

　　一開始先嘗試一天就好,先體驗看看這樣做的感覺。我們不想讓你崩潰、感到沮喪、甚至冒上徹底放棄無塑生活的風險。但這個嘗試將會讓你看到生活中所有的塑膠製品。「不使用免洗的

拋棄式塑膠用品」這種事本身就非常困難，因為這其中絕大多數的塑膠都用於包裝。

塑膠包裝實在讓我們想要尖叫！在所有塑膠製品中，它幾乎佔了超過四分之一的比例。我們都會盡可能地把自己製造的有機廢棄物拿去回收，這就意味著成堆的垃圾會是……你猜到了——塑膠。實際上，幾乎所有的塑膠廢棄物都是包裝。我們社區內的公共回收系統接受大部分的塑膠袋，但我們知道這不是辦法，因為大多數的塑膠袋最後其實並不會被回收（關於這部分，會在稍後提到的回收章節裡詳加說明）。

所以，如果你是個年輕、注重生態、就讀工業設計或綠色化學（Green Chemistry）的學生，剛好讀到這一段，而且正在思考自己可以為這個世界做什麼，請把你敏捷的思維轉向消滅塑膠包裝的方法。設計出不需包裝的產品，考慮更好的包裝設計，或使用完全天然無化學添加、且可製成堆肥的生物塑膠製品（bioplastics）。這個世界需要更多有關此領域的解決方案，越快越好。但是要記得，這只是解決方案的其中一環，最好的方法，其實還是盡可能從源頭減塑、少使用塑膠製品。

拋棄式的塑膠包裝災難，是指一種有問題的廣泛社會及文化思維，將用後即丟的方便性置於品質與耐用性之前。用後即丟的概念其實由來不久，最早始於第二次世界大戰，當

時塑膠製消費性商品的製造與廣泛採用成為主流。在那之前，一般仍注重耐用性和可重複使用性，這影響了人們對某些日常生活工具的依戀與尊重。德國的 Merkur 牌刮鬍刀、都彭（Zippo）的打火機、萬寶龍（Montblanc）的鋼筆，這些經典、以金屬為主的產品，製造出來的目的是為了能持久使用，只要拿去專賣店或直接送回製造商，就能相當輕鬆地維修。它們可能被一代一代慎重地流傳下來，但換成拋棄式的塑膠製吉列（Gillette）刮鬍刀、比克（Bic）打火機、或是派克（Parker）鋼筆之後，就再也不會有這樣充滿情緒、在情感上令人驕傲的個人物品了。塑膠製品被用後即丟，我們當中有許多人擁有大量的塑膠製品放在浴室和辦公室抽屜的各個角落，每一支都和另一支完全沒有區別，在我們生活中也沒有任何實際的意義。

我們希望這本書有助於耐用、高品質商品的重生，讓它們可以持續驕傲地存活下去，而不是用過幾次後就被冷淡地丟進垃圾桶或回收箱。當我們的個人物品越來越少，並被注入價值與意義，我們就會自然地為它們負起更多責任（也可以說是為了我們生活中其他真正有意義的細節），而不是把它們視為單純的塑膠工具，用過幾次之後就毫不留戀地丟棄。我們消耗得越少，就能活出更富足的人生。而且坦白說，這正是我們試圖傳達的訊息中最關鍵的部分：**消耗得少一點**。少一點塑膠、什麼都少一點（當然，除了愛、水和巧克力以外），多專注在生活上一點，讓經驗來突顯你的人生。

創立無塑生活部落格的作家貝絲·泰瑞鼓勵讀者接受她所謂

的「塑膠垃圾挑戰」（Plastic Trash Challenge），包含收集並分析自己製造的所有塑膠廢棄物至少一週——在這一週期間，你可以像平常一樣過日子。我們非常推薦這個驚人的練習，事實上，如果你希望對自己個人的塑膠廢棄物有個基本概念，甚至可以先這麼做再採取上述的快速入門行動。無論你何時開始執行，都能輕鬆獲得參考依據，讓你可以開始行動、減少自己消耗的塑膠。

在針對你生活的各個部分進行更按部就班的無塑生活解決方案之前，我們要先進入塑膠的世界，並讓你快速了解組成多數塑膠製品的替代品以及它們的原料。我們必須確實了解塑膠是什麼？為什麼它會對你和地球的健康有害？以及它能用什麼來替代。

第二章

塑膠製品
以及替代品

什麼是塑性腦？

　　塑膠已經從各個角度滲透到我們的生活當中，但是許多人卻不知道它到底是什麼、也不知道它從哪裡來。我們可以從「塑膠」（plastic）這個英文字的字源學稍微了解它的由來，它其實是個相當好的字，從希臘動詞「**plassein**」而來，意思是「鑄造或形塑」，描述的是一種可以展延且有彈性的東西。

　　我們的腦袋就有塑性，它們有能力能鑄造或形塑……轉化及轉變。沒錯，我們比較喜歡這樣的定義：轉化與轉變的能力。而這個字更深層、更美麗的含義在神經學的世界裡更加明顯，「神經可塑性」（Neuroplasticity）是尖端研究的基本，主要在研究大腦轉化及轉變的方式。

　　二〇〇七年，傑伊的父親中風了。中風後的那幾天，他只能說孟加拉語——那是他的母語——通往他「說英語神經」的門不知怎麼地關上了，於是他的腦袋就還原到預設的原始語言選項，一種神經語言學方面的重新開機。這些奇妙的變化促使傑伊去讀一本書：《改變是大腦的天性》（*The Brain That Changes Itself*），作者是一位創新的精神病醫師與心理分析專家，名叫諾曼・多吉（Norman Doidge）。他透過個案研究，明確地指出大腦確實具備改變自身結構與功能的能力，就算它已經進入晚年亦然。當傑伊看到他的父親重新找回自己的英文語言技巧時，也同時目睹了神經可塑性的發生。

　　大腦確實是擁有這樣可觀且珍貴的可塑性。那不是對「塑膠」這個字很美的定義嗎？這種用法確實榮耀了這個字的本質——我們是這樣認為的。所以，我們其實都有一顆塑性腦。在你讀完這本書的最後一章前，請務必把這個背景知識牢記在你那顆華麗的塑性腦裡。

　　問題在於「塑膠」這個字指的並不只是我們天生的可塑性。在二十世紀初期，塑膠這個詞被劫持成為通用名詞，用來形容一堆全新的奇妙合成材料，可以被模塑或形塑成人類大腦所想像到的任何東西。第一個真正的塑膠，其實早在這個名詞還沒用來形容它們之前就被創造出來了。

　　一八五五年，英國發明家及冶金學家亞歷山大・帕克斯

（Alexander Parkes）利用從棉花提煉出來的天然纖維素、硝酸和化學溶劑，製造出一種黏糊糊、透明的物質，加熱後能被塑型。他的專利中，將這種物質命名為「parkesine」。接著，一位富有創業精神的紐約印刷業者約翰・衛斯理・凱悅（John Wesley Hyatt）抓住了這個火把，將「parkesine」採用為最初的原料。一八六九年，他的即興化學實驗製造出一種類似皮革的物質，可以像紙張一樣輕薄，也可以被塑型，還能夠硬化。這種物質被稱為「賽璐珞」（celluloid），被用來製造攝影底片、撞球、精緻的髮梳、刷子及附鏡梳妝台，它被行銷到市場上，與昂貴高級的象牙製品一較高下。

第一種完全人工合成的塑膠（**不使用任何天然原料，在實驗室中製造而成**）是在一九〇七年，由比利時的美國裔化學家利奧・貝克蘭（Leo Baekeland）研發出來。他將產煤過程中的廢棄物——酚，與甲醛混合，在高熱和壓力的條件下產出一種硬質塑膠，他將之稱為「酚醛塑膠」（bakelite）。這種塑膠被用於製造各種不同的日常產品：收音機、電話、電器零件、梳子、牙刷和煙嘴。一篇一九二四年、以貝克蘭作為封面的《時代雜誌》（*Time*）文章裡，形容它是「擁有上千種用途的材料」。

這些原始塑膠和今日我們周遭的各種塑膠，都具有相似的廣泛結構組成。它們都是我們在化學領域中熟知的聚合物（polymers），是稱為單體的小分子化學單位重複組成的長鏈。想像一下一串珠子或相連的迴紋針不斷接續下去的樣子，會讓你對聚合物看起來是什

麼形狀比較有概念。

聚合物可以是天然的，也可以是人工合成的。常見的天然聚合物包含植物細胞壁中的纖維素、天然橡膠，以及組成我們肌肉組織和皮膚層的蛋白質；就連 DNA ——這種建構了所有生命的螺旋梯狀元素也是一種聚合物。許多聚合物都有穩定的碳原子骨幹，這些碳原子會和氫原子相連結。比如說，最簡單的合成聚合物結構是塑膠聚乙烯，有一個碳骨幹，每個碳上再接兩個氫。把其他元素引進碳氫骨幹，你就能製造出其他塑膠。引進氮可以製造出使用在長襪上的尼龍（nylon）、引進氟可以製造出使用在不沾鍋上的鐵氟龍（Teflon），引進氯則可以產生組成乙烯基壁板（vinyl siding）、管材和玩具的聚氯乙烯（polyvinyl chloride）。

你是否曾經好奇，為何石油、天然氣和煤炭常被稱為碳氫化合物（hydrocarbons）？這是因為它們核心的聚合結構是重複鏈結的碳骨幹，再加上不同的氫側鏈。

這些石油、天然氣和煤的碳氫化合物也被稱為不可再生的化石燃料，而且是組成合成塑膠的構成單元。為什麼它們會被稱為化石燃料呢？因為它們的族譜可以回溯到幾百萬年前，恐龍還在地球上遊盪的史前時代。這些密度大、充滿能量的燃料，是壓縮在地底的史前植物和動物化石受到巨大的熱能和壓力產生而成。這也是為什麼它們無法再生，它們花了幾百萬年的時

酚醛塑膠，第一個完全人工合成的塑膠，很快就變成北美家庭中的主要產品。

間才形成，一旦消耗殆盡就沒有了，且永遠不會再恢復。若是如此，我們難道不應該更明智地使用它們嗎？

聚合物鏈的長度和結構排列也會決定塑膠的特性。密集的聚合物可以製造堅硬的塑膠，而空間鬆散的聚合物則可以產生比較柔軟且易彎曲的塑膠。**聚合物本身大多缺乏具備實用價值的物理性質，所以大多數的塑膠都含有大量的化學添加物，以改善製程，或產生某種特定的理想性質，像是彈性、硬度、顏色或抗紫外線。**這些添加物可以是染料、香料、塑化劑、填充劑、蓬鬆劑、硬化劑、安定

劑、潤滑劑、阻燃劑、發泡劑、抗靜電化學物質，甚至是殺菌劑和抗菌劑。想像一種經過神祕設計、用來驅趕昆蟲和細菌的塑膠——就像基因改造的棉花或玉米！然而，往往就是添加劑對我們的健康產生最多傷害，**因為它們與基底聚合物之間沒有化學鍵結，因此很容易從塑膠中釋放出來。**

這些化學物質能夠輕易從塑膠容器中釋放、並進入食物和飲水。有個義大利麵醬的比喻給出了一個生動易懂的說明和提醒。想像一束義大利麵，它們就像聚氯乙烯（PVC）製成的長塑膠聚合物，而義大利麵醬就如同塑化添加物——鄰苯二甲酸酯（phthalates）。在重量上，聚氯乙烯中的塑化添加物占比可高達五五％，其中大部分都是鄰苯二甲酸酯。當你將義大利麵和醬汁混合，它們其實不會鍵結在一起，而只是在彼此周圍滑動，就像淤泥裡的蛇。這就是為什麼塑化劑很不穩定，還會隨著時間釋放，尤其是在穿戴或撕裂時、加熱或暴露在如檸檬和番茄醬這類可食用酸的環境下，特別容易釋出。沒錯，番茄醬。從很多面向上來看，這都是最適合的例子。特別像是義大利麵，當你把真正的義大利麵和醬汁放到塑膠容器裡，又油又酸的醬汁就會和塑膠添加物產生作用。

對我們來說，這是個警訊，特別是這幾年來我們使用、又重複使用塑膠容器來裝剩食，還拿去微波（絕對不要這樣做）。你不覺得奇怪嗎？我們從來無法完全洗掉容器內部因為微波加

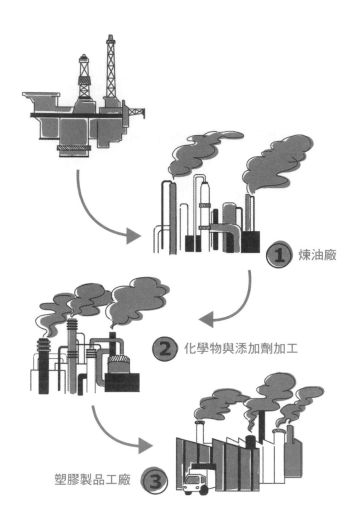

能源與汙染密集的塑膠製造流程，從未加工的原油（或天然瓦斯、煤炭）到 ❶ 煉油廠，接著到 ❷ 化學物與添加劑加工，再到 ❸ 塑膠樹脂和完成的塑膠製品。

熱雞湯麵而留下的那層薄膜，這是因為油膩的湯汁已經變成了容器的一部分。而從另一方面來說，**當我們喝下湯，容器也會成為我們的一部分**。有時候，把塑膠容器裡的湯拿去微波時，湯會變得很燙，以致使塑膠些微起泡並和湯體混合；冷卻後，就在容器上留下了永久的乳白色痕跡和起皺的質地。了解現在所知道的這些後，我們簡直嚇呆了！

上完簡單的歷史與化學課之後，我們接下來要了解塑膠可以被分成兩大廣泛的類別。考慮到塑膠的回收，與朝向無廢棄的循環經濟（Circular Economy）前進的需求，這個區分不但重要，也十分實用：

- 熱塑性塑膠（Thermoplastics）：可在加熱條件下模塑，並在模塑的熱能及壓力去除後仍維持形狀的塑膠。重新加熱時塑膠會融化，並在冷卻時被做成新的形狀，可如此重塑數次，這是因為它們的聚合物鏈彼此並無化學鍵結。凱悅的賽璐珞被視為世界上第一個熱塑性塑膠，這些塑膠可以被回收再重新製成新產品，儘管一般來說會是品質較低的成品——亦即「降級回收」（down-cycled）產品。

- 熱固性塑膠（Thermosets）：固化時會形成不可逆化學鍵的塑膠，因此會永久維持形狀。它們的聚合物鏈高度交聯，因此不像熱塑性塑膠會在加熱時再度融化。加熱的時候，它們會焦化（scorch）並分解（dewmpose），

因此無法被重塑成型。貝克蘭的酚醛塑膠是世界上第一個熱固性塑膠；這些塑膠一般無法被回收製成新產品，一旦走到使用壽命的盡頭，就只能成為被送到掩埋場的廢棄物。

在我們更進一步檢視那些充斥在生活中的常見塑膠製品，以及它們為何對我們的健康造成問題之前，我們要說明某些塑膠正對自然環境產生巨大衝擊——無論是我們眼前所見的週遭環境，或是最深的海底。

▌我們的星球正在受害

土壤、空氣、水。是不是到處都找得到塑膠？我們將會探討這部分，但首先，讓我們來看看一些基本的塑膠生產數字。

每年會有多少塑膠製品被生產出來？相當於超過九百座帝國大廈。以二〇一四年為例，每年大約有三・一億公噸的塑膠被製造出來，自一九六四年以來已經增加了二十倍。同樣在二〇一四年，光是美國就產生了三千萬公噸的塑膠廢棄物——這是每年全世界生產塑膠量的一〇％。以現有的成長率來看，全球的生產量預計在接下來二十年內會增加兩倍，二〇五〇年時預計將增加近四倍。

那麼，若是將這些製品換算成化石燃料的用量，那又會是多少呢？每年大約有四％的石油消耗會被用在製作塑膠樹脂，另外四％

則須要為塑膠的製程提供動力。

好的，那麼所有用於製造包裝（惡性的塑膠汙染元凶）的塑膠到底有多少呢？大約有二六％，也就是八千一百萬公噸。在這些塑膠包裝中，僅有約一四％被回收，卻有四〇％被送到掩埋場，更有驚人的三二％完全逃過廢棄物管理收集系統，成為世界其他地區的汙染源。換句話說，每年有高達二千五百萬公噸的塑膠直接汙染了全球環境。這可是相當大規模的塑膠汙染。

這個問題在全世界都看得到，尤其是在較缺乏廢棄物管理系統，或系統成效不彰的開發中國家。你會好奇這樣大量的廢棄塑膠看起來是什麼樣子嗎？你只須要在 Google 輸入「塑膠汙染」，就能看到一些關於這個汙染規模的駭人影像。

然而請記住，這樣的威脅有的看得見，有的卻看不見。有越來越多的科學家認為我們已經進入了新的地質紀元，稱為「人類世」（Anthropocene Era.）。這個紀元的特色是，來自人類活動的汙染前所未見地改變了地球的地質。這個地質轉變有一個關鍵的標記，就是不斷增加、層層堆積的塑膠，在全世界的陸地與水中環境都有，從高山如珠穆朗瑪峰（聖母峰），到海洋的最深處盡皆可見。

蘭開斯特大學的揚・薩拉希維奇（Jan Zalasiewicz）教授

對自己針對人類世所做的研究結果表示驚奇，他表示：「我們都知道，在過去的七十年間人類不斷製造各種塑膠（從酚醛塑膠、聚乙烯袋到聚氯乙烯都有）；但我們卻不知道，這些塑膠在我們的星球上到處旅行。塑膠不只漂流橫越海洋，還沉到最深的海底，這顯示了我們的星球不再健康……這個星球正逐漸緩慢地被塑膠覆蓋。」

研究夏威夷島地質學的科學家，透過他們在卡米羅海灘（Kamilo Beach）的調查，得到了相當驚人的發現。他們宣佈發現了一種新「石頭」，是由交纏而成的融化塑膠、海灘沉積物、熔岩碎片和有機殘骸所形成。猜猜他們怎麼稱呼這種新石頭？

「膠礫岩」（plastiglomerate）。歡迎來到以膠礫岩為代表的全新人類世紀元！

空氣中有塑膠嗎？哎呀，有耶！雙酚 A（bisphenol A，簡稱 BPA），這種材質用於製造硬質、透明的聚碳酸酯（polycarbonate）塑膠瓶，和以環氧樹脂（epoxy）作內襯的食物罐頭，是一種會干擾內分泌的化學物質。經測量，已知它充斥在全世界的空氣中，包含都市、鄉村、海洋和兩極地區，連南極大陸都有；濃度等級最高的地方在南亞，在那裡，都市地區大氣中雙酚 A 主要來源是開放式地燃燒塑膠造成的。土壤呢？有。空氣呢？有。水呢？你最好相信也有。

在海洋環境中，塑膠汙染的問題最為明顯、也最令人震驚。

在海中，塑膠會漂浮，也很容易被海鳥或魚類誤認成食物。這個當代的極大問題，最早是在二〇〇一年進入大眾的視線。當時，阿爾加利特海洋研究中心的查理斯·摩爾船長（Captain Charles Moore），在北太平洋環流發現了一個小型塑膠廢棄物的渦流湯。媒體抓住了這點，把它聳動地塑造成一個面積有德州兩倍大、由漂浮塑膠組成的虛構島嶼。這個巨大的區域現在在大眾心中刻劃出的形象被稱為「太平洋垃圾帶」（Great Pacific Garbage Patch）。這個區域的塑膠汙染是真實的，但並非媒體所描繪的那樣，它不是個單一、巨大、結實、充滿彩色塑膠廢棄物的漂移島嶼。這個區域裡會有隨機分布、被漁網纏結的「木筏狀」結塊、瓶子、袋子和其他大型塑膠，但整體看來比較像是由微小塑膠碎片聚合而成的煙霧——我們所談的，是直徑不到五公釐的塑膠微粒。在觸及海洋塑膠汙染意識並開始對抗塑膠汙染的積極行動方面，查理斯·摩爾船長的發現是個里程碑。

　　有些最先進的海洋塑膠汙染研究是由五大環流研究所（5 Gyres Institute）的勇敢成員們所完成的。「五大環流」指的是主要的五大亞熱帶環流，分別位於北太平洋和南太平洋、北大西洋和南大西洋，以及印度洋。在安娜·康明斯（Anna Cummins）和馬庫斯·艾瑞克森（Marcus Eriksen）共同創辦這個組織後不久，我們有幸能在二〇〇九年贊助他們最初的其中一場海洋拖網活動，收集關於世界各地海洋塑膠汙染狀況的資料。安娜當時寄給我們一個小罐子，裡面裝滿了他

們從南太平洋和北大西洋環流中拖網收集到的塑膠微粒廢棄物樣本。我們寫作本書時，這些罐子就放在我們身邊。裡面有黑色、白色、橘色、淡藍色及透明的小塊塑膠，伴隨著一縷縷微小的羽毛狀不透明塑膠，使罐子在輕微搖晃時成為令人不安的雪球。這個景象叫人感到沮喪，卻也是對改變現狀極為有力的啟發。

五大環流研究所與包含摩爾船長在內的八位國際科學家共同合作，策劃了全球第一次對海洋塑膠汙染的評估，結果令人震驚：有五・二五兆塊漂流塑膠片，重量約二十四萬五千公噸。一份來自世界各地的近期報告則表示，這個數據還要更高，認為大約有十五兆到五十一兆個塑膠粒子。將這些數據和一份開創性的研究連結起來，顯示出全球每年大約有七百萬公噸的塑膠廢棄物從陸地進到海洋——這相當於每分鐘把一台垃圾車裡的垃圾全倒入海裡。另一份研究則顯示，每年會有九千公噸的塑膠進入五大湖區。現在想想，一般認為漂浮在海上的塑膠只佔目前估計被丟進海中的塑膠量的一％——其他九九％一定是在海面下某處。在我們寫作當下所能找到的最好的研究表示，估計現在海中有超過一・五億公噸的塑膠廢棄物，實際上，我們在自己的生活水域裡弄出了一道有毒的塑膠湯。

如果我們不改變自己浪費的塑膠汙染方式，未來會是什麼樣子？還記得那些每分鐘把一整車塑膠廢棄物倒入海洋的垃圾車嗎？如果什麼都沒有改變，到二〇三〇年，就會變成每分鐘兩台垃圾車；到了二〇五〇年，則是每分鐘四台垃圾車。二〇二五年時，

海洋中塑膠和魚類的比例預計會來到一比三，因為海洋中的塑膠數量估計將增長為二·五億公噸；如果我們不做任何努力，到了二○五○年，按照重量計算，海洋中的塑膠可能就比魚類更多。想像一下：海洋中塑膠比魚類更多，且相當於每天的每分鐘都有四台裝滿塑膠的垃圾車將車上的塑膠傾倒入海。

五大環流研究所的艾瑞克森表示： 我們目前所知的狀況可以被彙總成三個結論──塑膠碎片遍佈全球，它們是許多有害化學物質的集合，因此對水生動物棲息地和動物來說，它是另一個有害化學物質的來源。它會影響食物鏈每一個層級的幾百種野生動物，牠們會吃下這些塑膠，這也包括我們認為是海鮮的動物。

這些塑膠如何影響野生動物，並因為人類而產生更惡劣的影響？要找到這些問題的解答，最好先觀察塑膠在水生食物鏈中的旅程。

陽光和其他的氣候條件會使塑膠在海洋中迅速分解（degrade break down）成越來越小的碎片。塑膠的色彩繽紛，可能會漂浮在海面上並以各種形狀和大小出現；因此，只要它們分解，對魚類和海鳥來說，塑膠看起來就像是可以吃的食物一樣。比較人的塑膠碎片會被比較大的魚、海鳥、海豚、鮪魚和鯨魚吃掉，比較小的碎片則會被比較小的魚吃掉；而那些比較小的魚，又會被更大的魚吃掉。

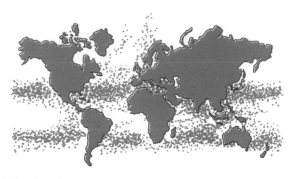

海中的塑膠汙染大多是肉眼看不見的塑膠微粒煙霧，而不是巨大的塑膠垃圾島。（改編自由五大環流研究所和 Dumpark 公司製作的模型）。

這些塑膠會迅速地「吸收」已經存在海裡的有毒汙染物（即**吸附在塑膠上的毒物**），包括殺蟲劑、多氯聯苯（polychlorinated biphenyls，簡稱 PCB）、戴奧辛（dioxins）、放射性廢棄物和重金屬這些友善的小東西。水生的野生動物吃下這些塑膠後，毒物就會沉積在食物鏈中每個生物的脂肪組織中。這個過程一般稱為「生物累積」（bioaccumulation），這意味著魚類或鳥類暴露的不只是塑膠本身的毒素，還包括塑膠一路吸收的其他任何化學物質。等那條鱒魚或吳郭魚端上人類的餐桌，可能早已含有多種累積毒素。

在食物鏈的最底端，是被稱為「浮游生物」（plankton）的微小生物，他們可有效地被任何比自己還大的生物吃掉。浮游生物能讓所有生命存活，不僅是因為牠們是較大的野生水生動物的食物，也因為其中某種特定類型的浮游生物「浮游植物」（phytoplankton）

是會產生氧氣的小型機器。透過一種以陽光為能量來源，稱為「光合作用」（photosynthesis）的過程，他們能把二氧化碳轉換成含糖能量，以及生命所需的氧氣。

學者已經證實，浮游生物很容易把塑膠誤認成食物，大口吃進塑膠微珠（microbeads）之類的塑膠微粒——它們是從磨砂膏和牙膏等個人護理產品進入水生環境。現已拍攝到影片，浮游動物會優先吃下微小的螢光聚苯乙烯塑膠微珠。

這個問題很嚴重。如果浮游生物消失了，海洋生態系統也會消失——該怎麼說呢？這樣的結果肯定會對整個世界產生「嚴重」的效應。因為在全球的大氣中，浮游生物供給了大約五〇％的氧氣。海洋生物學家及國家地理頻道駐地勘查員席薇亞・厄爾（Sylvia Earle）評估，我們每呼吸五次，就有一口氣是由一種特定的浮游植物「原綠球藻」（prochlorococcus）所供給。

說得夠多了，你也應該有畫面了。塑膠汙染的問題很嚴重，我們需要醒悟，並貢獻己力來阻止它。這本書的目的就是要幫助你這麼做。

現在我們要更深入日常生活中實際接觸的塑膠製品，並告訴各位為何它們可能對我們的健康有害。

我們周圍的常見塑膠
日益嚴重的毒物問題

二〇〇七年，我們收到一封某主要塑膠工業協會寄來的信，這封信長達六頁，鉅細靡遺地提到了一些我們網站上呈現的資訊所引發的議題，那時我們就知道：我們鉤住某些東西了。**我們**非常興奮，自己重複刺激的努力已經傳達到**他們**那裡了，也打中了某根弦。

他們聲稱我們的網站和各種媒體訪問已經造成大眾對塑膠產生「沒有根據的憂慮」。他們關切的重點是我們用了一個改編自他們網站的表格，當中詳細列出塑膠的分類標誌、特性，以及最常見的塑膠樹脂分類的應用。我們一字不差地用了他們的表格（註明是引用自他們和其他相關的塑膠產業組織），並額外添加了幾個欄位，詳細說明我們的看法：各種樹脂可能釋出的化學物質、這些化學物質可能對健康產生的影響，以及我們的發現是根據哪些科學來源；而他們不喜歡最後這三個欄位。

整體來說，那是一封和藹可親、措辭有禮的信件，對我們的主張提出了一些有趣的觀點。但是直到今天，我們仍然支持自己說的每句話，也還是繼續在網站上這樣說。舉例來說，我們是這樣說的：「垃圾掩埋場的廢棄物大多是塑膠包裝，尤其是隨處可見的塑膠袋。」而他們在信中告訴我們，政府數據顯示，塑膠袋只佔垃圾掩埋場廢棄物的不到一％。或許如此，但對我們來說，

考慮到全國甚至全世界的垃圾掩埋場規模之大、數量之多，即便只占一％，都是極大量的廢棄物。

　　十年後，這些化學物質有了更多確鑿的新研究成果，和越來越多的全球塑膠汙染數據。此時回頭看那封信，那些企業對我們的主張所提出的駁斥理由顯得十分薄弱（**如果情況沒有這麼嚴重的話，幾乎可說是好笑**），尤其是他們為那些已經證實會擾亂荷爾蒙的毒物（像是雙酚Ａ和鄰苯二甲酸鹽）所提出的辯護非常令人震驚，此外他們也低估了塑膠汙染對海洋生物的傷害。但即便如此，塑膠製品真正的毒性本質，最終仍被全世界的健康專家和環境學者們揭露及記錄。

　　接下來會是一趟小旅行，看看我們可能在日常生活中碰到、最常見的塑膠種類。對於每種塑膠或塑膠家族，我們會稍微敘述它是什麼、它可能會出現在你日常生活例行流程中的何處；接著我們會處理這個問題：它到底有多**毒**？

　　從本書的書名就知道，本書是基於經過評估與驗證的預警觀點寫成；假設所有合成塑膠多少都可能有毒，尤其是當它們分解（break down）成微小的塑膠微粒分子時 —— 這就是全世界廢棄塑膠正在構成的威脅。這些微小的塑膠碎片會被吃掉、喝掉、吸入，或以某種方式被生物體攝取，這個生物可能是你、我、沙蟲或是藍鯨。這些塑膠都是從石油、天然氣或煤炭提煉出來，且充滿了可能釋出的化學添加物，所

以在這個未經同意就開始進行的全球性毒物實驗中，我們不會給予他們太多質疑的優勢。

像鄰苯二甲酸酯和雙酚 A 一樣關鍵的討厭毒物，我們會特別撥出章節向各位說明更多有害性質的細節。也請記得閱讀專門說明干擾內分泌的化學物質的內容，你會了解為什麼這些從塑膠中釋放出來的荷爾蒙干擾物問題這麼大，即便是極少量的暴露也有害處。這個說明會繼續深入解釋為何塑膠對我們的健康有害，這也是目前針對塑膠危害的研究重點。同時，這也說明了現階段針對塑膠採取預防措施的重要性。

罷凌我們體內荷爾蒙的嚴重問題：干擾內分泌的化學物質

一九八〇年代後期，一位態度堅定的動物學家西奧·科爾伯恩（Theo Colborn）開始研究北美五大湖區野生動物的健康狀態。她檢視了上千份關於殺蟲劑和工業化學物質對五大湖區野生動物造成影響的研究報告——這些動物包括禿鷹和白鯨，她看到了一篇奇特的論述：這篇文章提到銀鷗的雛鳥死在自己的蛋裡、鸕鶿一出生就沒有眼睛，交喙鳥和被馴養的水貂也不再繁殖幼獸。她將所有的數據編製成表格，並開始分析出模式——所有這些不可思議的效應似乎都與內分泌系統失能有關。

荷爾蒙是高效能的化學物質傳遞，也是「鑰匙」，掌控大

多數的主要身體功能，像是細胞新陳代謝、生殖、發育、行為、甚至是智力。它們會在稱為腺體的器官中被製造出來，並傳送到身體裡為它們所製造的受體（小型的對接站點「鑰匙」）。在女性身上，卵巢會分泌雌激素、睪固酮和黃體激素；而在男性身上，睪丸則會分泌睪固酮。腺體會緊密控管它們管理的身體功能，它們喜歡荷爾蒙保持平衡。腺體控制中心鎖及賀爾蒙訊號鑰匙組成了一個優雅而精心調控的王國，一般被稱為身體的內分泌系統。

會干擾內分泌的化學物質（endocrine-disrupting chemicals，簡稱 EDC）是身體裡的假冒者，它們在潛伏周身血液當中、模仿天然的荷爾蒙（雌激素是常見的目標），之後卡進荷爾蒙受體取得主導權，抵減內分泌系統重要的平衡。它們會對我們的健康產生緩慢、穩定且長期的破壞，尤其是在我們當中某些最脆弱的人身上。

EDC 有兩大要素，讓它們和其他的有毒化學物質產生區別：劑量和時間。

大約五百年前，毒理學（化學物質如何對生命體造成不良反應的學科）奠基者之一帕拉塞爾蘇斯（Paracelsus）發展出一條重要的毒物原則，可以被總結如下：劑量越高，毒物效應越大。這個觀點在於，一個人暴露在某種物質的劑量越高，「毒性」反應就越糟。但這並不適用於從塑膠溶出

的 EDC，尤其是對某些仿效性荷爾蒙（如雌激素或睪固酮）的 EDC，像是雙酚 A、鄰苯二甲酸酯。

EDC 扭轉了這個邏輯，因為它們會在極低濃度下產生負面影響；相反的，它們在高劑量時可能會關閉低劑量時刺激產生的反應。因此，相對於大量化學物質的流入，長期接觸少量模仿雌激素的雙酚 A——例如來自吸管杯或水瓶——可能對身體產生比大量接觸更嚴重的負面影響。實際上，在較高的劑量下，身體可能反而沒有那麼大的反應，就像有太多可用的鑰匙，因此做為鎖的受體變得不堪重負，就乾脆完全關閉了。

EDC 在脆弱的關鍵時期尤其有害，例如懷孕期和出生後的發育期。是的，兒童和孕婦的體內有大量的生長和發育激素，會直接受到 EDC 的影響。此外，科爾伯恩發現成年的動物通常看起來狀況良好，但最糟糕的影響會體現在他們的子代身上。早年接觸 EDC 的影響可能要到很晚才會出現，並可能繼續影響未來數個世代；EDC 實際上可能是基因重新編碼的重要影響因素之一。

那麼這些 EDC 是在哪裡發現的？我們如何接觸它們？研究人員發現了近一千種可能是 EDC 的化學物質，來自多種產品：塑膠和橡膠、家用產品，個人護理產品和化妝品；食品添加劑、阻燃劑、殺蟲劑、抗菌劑、生物化合物、工業添加劑、溶劑、金屬加工化學物，反應物以及人類和獸醫用化學製劑。 二○○三年，科爾伯恩創建了「內分泌干擾交換中心」（The Endocrine

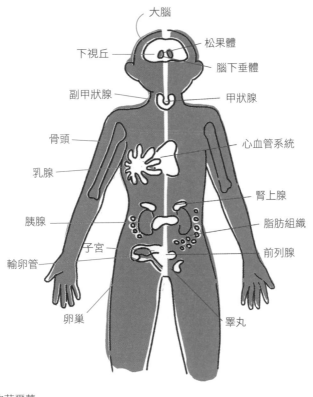

大腦
松果體
下視丘
腦下垂體
副甲狀腺
甲狀腺
骨頭
心血管系統
乳腺
腎上腺
胰腺
脂肪組織
子宮
前列腺
輸卵管
卵巢
睪丸

正常的荷爾蒙
荷爾蒙受器
細胞核
內分泌干擾素
細胞
細胞反應
細胞反應

女性（左）及男性（右）體內主要的內分泌腺體。來自塑膠、會干擾內分泌的化學物質，和一般賀爾蒙一樣，都會和同樣的荷爾蒙受體連結，但卻可能產生不同的細胞反應。（改編自 *A.C. Gore et al. (2015) "EDC-2: The Endocrine Society's Second Scientific Statement on Endocrine Disrupting Chemicals," Endocrine Reviews 36 (6): E1-E150, p. E6.*）

Disruption Exchange，TEDX），這是一個國際非營利組織，致力於匯編和傳播內分泌干擾物的科學證據。TEDX 的網站提供了一個全面性的工具，用於搜尋這些化學製品，並提供每種物質的詳細資訊，以及證明它是 EDC 的證據。光是在塑膠和橡膠的類別中，它們就列出了一百四十三種可能是 EDC 的化學物。

同樣地，美國環境工作組織（Environmental Working Group）和保住乳房基金會（The Keep A Breast Foundation）已經做了一份簡便、可下載的「故障提示」（Dirty Dozen）指南，列出最糟的常見內分泌干擾物質，也說明它們是如何作用、又該如何避免使用或接觸這些干擾物質：雙酚 A、戴奧辛、草脫淨（Atrazine）、鄰苯二甲酸酯、過氯酸鹽、阻燃劑、鉛、砷、汞、全氟化學物質（perfluorinated chemicals，簡稱 PFC）、有機磷酸鹽殺蟲劑和乙二醇醚。

科爾伯恩常被稱作「內分泌干擾之母」。多虧了她的努力，以及現今許多其他學者的接續研究，大家越來越了解，應將內分泌干擾視為新的癌症。直到二〇一四年去世為止，她都強力地主張應擴大內分泌干擾的定義，尤其是在管理有毒化學物質的新法中應當如此。這樣的法律傾向對潛在毒性物質逐一進行風險評估，並根據古老的毒理學準則認定過量就是毒。TEDX 網站上的前瞻陳述總結了科爾伯恩對這個問題基本特性的看法，也提供了詳盡的素材，讓我們所有人傳播有關 EDC 危險性的訊息：

- 僅透過評估生殖和發育的終點及少數幾種荷爾蒙，不足以理解內分泌干擾化學物質難以數計的效應。但上百份的科學研究已經顯示，中樞神經系統、免疫和新陳代謝系統，以及許多腺體和器官都出現內分泌損傷。在基因、分子和細胞環境中，發現了許多因為內分泌干擾產生的改變，它們的持續影響可能幾十年都不會顯示出來，而且會傳承好幾個世代。

- 管制有毒化學物質的新法將內分泌干擾狹義地定義為生殖和發育的干擾，一次只處理一種化學物質，或一次只處理一種疾病；以長遠的角度來看，這明顯無法保障我們。對內分泌干擾做出廣義的定義，是我們必須給予後代子孫的一項禮物，對他們來說，內分泌干擾很可能就像今日的癌症一樣常見。

我們已經看到一些可能和塑膠有關的內分泌干擾效應出現，有些人（甚至是年輕人）對塑膠有嚴重的過敏。

有一位年輕女性跟我們聯絡，表示她無法食用任何曾接觸過或用塑膠包裝過的東西。她已經被過敏專家診斷出患有嚴重的塑膠過敏。她的症狀包括憂鬱、注意力缺失（attention deficit disorder,ADD）和卵巢囊腫，經過幾年的試驗之後，她和她的家人都認為，可以把她的病況限縮到和自體免疫腦炎有關。當塑膠中合成的仿效雌激素化學物質被引進她的體內時，她腦中製造天然雌激素的區域會受到自身免疫系統的

攻擊。她還是個青少年。這會僅是冰山一角嗎？

在接下來對塑膠類型的說明中，我們會加上常見的塑膠回收代碼：官方名稱是「塑膠分類標誌」（resin identification code），幫助各位辨認塑膠的種類。代碼是一組從一到七的號碼，周圍有循環箭頭，往往會以壓模或印刷的方式附加在塑膠製品的底部。一號到六號各自代表某個特定的塑膠類別；但請注意，七號是個五花八門的類別，用來分類除了前面六個特定類別以外的所有塑膠。在之後有關回收的章節中，我們會更仔細地說明這個回收標誌系統，但就目前來說，你只要注意這些標誌並不代表產品實際上是否可以回收、或是否安全就夠了。號碼只是要幫助各位快速且正確地辨認用來製造產品的塑膠類型。

而這些塑膠的次序，大致上會根據它們在日常生活中常見的順序來呈現。

聚對苯二甲酸乙二酯（Polyethylene Terephthalate，簡稱 PET 或 PETE，塑膠分類標誌 1 號）：從用後即棄的水瓶到聚酯織物

PET 也叫做聚酯（polyester），是包裝的主力材料之一。所有躺在海灘上的拋棄式水瓶都是 PET 的後代，你也會在深海底下發現無蓋或穿孔的瓶子，這是因為 PET 的密度比水大，會像岩石一樣往下沉。此外，它本身是透明的，又能夠有效隔絕氣體，所

以是一種很受歡迎的包裝材料。PET 可以將含有二氧化碳的泡沫密封在薑汁汽水中，還能隔絕可能讓沙拉醬提早腐壞的氧氣。PET 也被用來製造食物容器，盛裝花生醬、果醬、果凍和酸黃瓜等。它的用途很廣，很多 PET 製品會被用於時尚的聚酯纖維織品，像是防皺的衣服、人造羊毛和地毯；也可能會做為你枕頭和棉被的填充及絕緣材料使用。

聚對苯二甲酸乙二酯有多毒？

我們認為應該避免使用，尤其是在食物和飲料方面。在 PET 的製程中，有一種被稱為「三氧化二銻」（antimony trioxide）的化學物質被用來當做催化劑和阻燃劑；但對人類來說，這種銻添加物可能是一種致癌物質（引發癌症的化學物）。在一般情況下，從拋棄式水瓶釋放出的銻含量可能極少，但研究顯示，隨著溫度上升，銻含量的釋放也會大幅度增加——請想想曝曬在戶外陽光下，或炎炎夏日放在車裡的水瓶或食物容器。這不太好。還有研究顯示，儘管塑膠業者表示製造 PET 並不需要用到鄰苯二甲酸酯，但 PET 也可能會釋放鄰苯二甲酸酯。在一項針對軍事包裝水的研究中，學者將瓶裝水暴露在從普通春天日照到極熱的沙漠陽光下約一百二十天，發現在較高的溫度下，銻和鄰苯二甲酸酯便會被釋出。

我們聽過很多關於人們對於塑膠的經驗談。幾年前，一位三十多歲、來自南加州的女性曾與我們聯絡，她被診斷出罹患乳癌第一期。然而她並沒有乳癌的家族病史，飲食和運，

動都很標準。她深信自己的癌症，是源自經年暴露在從拋棄式塑膠水瓶中釋放出的毒物，因為她把這些瓶子放在後車廂、暴露在高溫下，且每天飲用。雖然這是直覺的臆測，她本人或我們都沒有任何方法能證實她的假設，但各位可以想想這個問題：如果有替代品的話，為什麼還要冒這個險？為什麼不先採取預防措施呢？

聚乙烯（Polyethylenes）：當前最受歡迎的塑膠包裝材料（又分為 HDPE，塑膠分類標誌 2 號；以及 LDPE，塑膠分類標誌 4 號）

　　這樣說好像我們講的是六〇年代的流行樂團。不過，這個多用途塑膠的子分類，大概就跟披頭四（Beatles）一樣受歡迎——無論使用它們的人是否有意識到這點。身為全世界使用最廣泛的塑膠，聚乙烯是包裝之王。在所有聚合物當中，聚乙烯的基本化學結構最簡單，這使它很容易被加工，因此在低價值、高產量的應用方面相當受歡迎。它的質地堅韌又富有彈性，而且可抗潮濕又相對透明，所以你可以了解它為什麼會是包裝材料的最愛。想知道你的牛奶盒或拋棄式飲料杯內側塗層的材料是什麼嗎？想想聚乙烯。最常見的聚乙烯有：

● 「低密度聚乙烯」（Low Density Polyethylene，簡稱 LDPE，塑膠分類標誌 4 號）和「線型低密度聚乙烯」（Linear Low Density Polyethylene，簡稱 LLDPE，塑膠分類標誌 4 號）：它們大多被用於許多薄膜的應用上，包括

各種袋子（乾洗、報紙、麵包、冷凍食物、生鮮食品和家用垃圾）、收縮包裝、紙箱和杯子的塗層；它還會用在更堅固的產品上，像是容器的蓋子、用來裝蜂蜜和芥末的軟瓶、電線和電纜包材之類的物品。LLDPE 比較有彈性及延展性，因此也會用於製造玩具和水管。

● 高密度聚乙烯（High Density Polyethylene，簡稱 HDPE，塑膠分類標誌 2 號）：物如其名，它是一種比較厚，也比較堅韌的聚乙烯，常被用在購物袋、泰維克（Tyvek）絕緣材料、麥片盒內襯，和各種較為堅固的瓶子（牛奶、水、果汁、漂白劑、洗髮精、洗碗精和洗衣精、家用清潔劑及藥物）。你也會發現它出現在水管、塑膠與木頭的複合材料，以及電線和電纜包材上。

聚乙烯有多毒？

我們認為，在食物和飲水方面，聚乙烯是「比較安全」的塑膠，主要是因為它們比其他常見的塑膠類型來得堅固和穩定；這也是為什麼它們在包裝上這麼受歡迎的部分原因。但仍有研究顯示聚乙烯會釋放干擾內分泌的化學物質，尤其是暴露在陽光（紫外線）下的時候。主要釋出的頭號要犯，是仿效雌激素的壬基酚（nonylphenol）和辛基酚（octylphenol），它們會被添加到聚乙烯裡作為穩定劑和塑化劑。

> **聚丙烯（Polypropylene，簡稱 PP，塑膠分類標誌 5 號）：
> 比許多塑膠安全，但還是有疑慮。**

　　這也是包裝常見的材質，聚丙烯的品質跟穩定度都比聚乙烯更上一層樓。它的耐熱性及抗化學性更佳（**適合盛裝熱的液體和食物**），而且顯然更加強韌，所以很適合用來製造須承受巨大壓力的瓶蓋和封口。我們販售的許多瓶罐都使用了聚丙烯蓋子，因為目前還找不到跟它一樣穩定、堅韌的非塑膠替代品。你可以在藥瓶，裝番茄醬、優格、茅屋起司、糖漿、人造奶油及外帶餐點的食物容器中發現它的蹤影。堅固的樂柏美（Rubbermaid）儲物箱和蓋子，還有 Brita 濾水壺的濾心都是聚丙烯。大多數的汽車也充滿塑膠，裡面也包括聚丙烯；它通常被使用在保險桿、地毯和各種內裝零件。聚丙烯甚至是伊隆・馬斯克（Elon Musk）那優雅的特斯拉汽車（Teslas）車身板件的成分之一，夾在碳纖維層之間，並以環氧樹脂包住。

聚丙烯有多毒？

　　依我們所見，考慮到強度和穩定度，聚丙烯也是一種「相對安全」的塑膠。儘管如此，研究也已經顯示它還是會釋出塑膠添加劑，尤其是合成的潤滑劑油酸醯胺和抗菌的化學物質。這是加拿大學者意外發現的，他們使用拋棄式聚丙烯試管、滴定管和培養皿做實驗，得到了奇怪的結果。他們發現聚丙烯中的添加劑「具有生物活性」，影響他們的實驗結果。油酸醯胺（oleamide）是會自然出現在人體內的物質，所以我們可以合理地假定，合成

的油酸醯胺可能讓生物系統混淆。這純粹是我們的推測，但干擾內分泌的化學物質可能正是用同樣的方式干擾荷爾蒙系統。這個領域的研究仍在持續進行。

聚氯乙烯（Polyvinyl Chloride，簡稱 PVC，塑膠分類標誌 3 號）：每天都會用到的「毒」塑膠

PVC（又名乙烯基塑膠）被廣泛用於各種消費性產品中，涵蓋日常生活的許多方面；從學校用品、淋浴噴頭、醫療保健到住宅建築。你可以稱它是會變身的塑膠，因為 PVC 能夠以各種型態出現（從彈性到剛性），這取決於用來製造它的化學添加混合物。因為 PVC 的許多應用實在令人眼花撩亂，所以我們整理出一張清楚明瞭的清單，列了一些出來：

● 彈性：適用於寢具和醫療用途的袋子（靜脈注射，血液用）、醫療導管、收縮包裝、浴簾、玩具（想想橡膠鴨）、便當盒、錢包、活頁夾、雨衣、人造皮革（Naugahyde）衣、人造皮革家飾、軟管、電纜絕緣材料、地毯襯背、地板材料、擠壓軟瓶，以及裝洗髮精、漱口水、食用油、花生醬、洗潔劑和窗戶清潔劑的瓶子。

● 剛性：口服藥品包裝（blister pack）和雙泡殼包裝（clamshell）、信用卡、管道設備、乙烯基牆板、窗框、圍欄、鋪板、欄杆和其他建築材料。

PVC 有多毒？

在我們看來，它是很糟糕的消費性產品塑膠，可能是最糟糕的一種，最好盡可能避免使用。目前公認它是對我們的健康和環境毒性最大的消費性塑膠，因為 PVC 在生命週期中可能釋放出的危險化學物質範圍很廣。包括會致癌的戴奧辛、干擾內分泌的鄰苯二甲酸酯和雙酚 A（*我們在之後的章節會談到更多細節與如何避開它們的祕訣*），以及鉛、汞及鎘等重金屬。PVC 的問題在於它的基礎單體建構元素是氯乙烯（vinyl chloride），它的毒性極強且不穩定，因此需要大量的添加劑來穩定它，並使它變成可用的材質。但即便是在最後的「安定」形式，PVC 仍不算非常穩定，很容易釋出添加劑，而且幾乎無法避免。

PVC 往往會讓我們想起浴簾。幾年前，我們還沒什麼「塑膠意識」的時候，曾經買過 PVC 浴簾，當我們打開裝簾子的密封塑膠袋時，受到一股猛烈的有毒化學物質攻擊。這讓我們很震驚，但還是把簾子掛上，用了一陣子；直到我們意識到它確實會讓人想吐，而且會刺激眼睛，這才取下。二〇〇八年，在我們那次浴簾體驗之後好幾年，美國健康、環境與正義中心（Center for Health Environment and Justice）進行了一項很棒的研究，測試在大型零售商購買的五種 PVC 浴簾。所有的浴簾都含有會致癌的揮發性有機化合物、鄰苯二甲酸酯（phthalates）、有機錫（organotins，*神經系統毒物*）及一種或多種重金屬，包含鉛、鎘、汞和鉻。天啊！這就是我們一直聞到且吸入體內的物質；而當我們在浴室裡的時候，別忘了還有可愛的橡膠鴨，它可能就是摻混

了鄰苯二甲酸酯的 PVC。

還有一種令我們深感不安的 PVC 應用，就是醫院和其他醫療場所都有的可彎曲醫療管線、血袋和導管。這些醫療設備會使用管線作為靜脈注射管線，它會直接被連結被注射者的血液。就重量上來說，柔軟的 PVC 中可能含有超過五〇％的鄰苯二甲酸酯，而這些鄰苯二甲酸酯並非和 PVC 有化學鍵結。當你透過這些管子接受靜脈鹽溶液注射或珍貴的輸血（**多種藥品的混合物就更不用說了**）進入血液時，幾乎可以肯定這些液體中也摻和了自在漫遊的鄰苯二甲酸酯。

二〇一六年四月一日（**儘管這不是個愚人節的玩笑**），有人在全世界歷史最悠久、規模也最龐大，致力於賀爾蒙研究的科學組織——內分泌學會（Endocrine Society）的年度會議上，發表了一項經過同儕審查的新研究。發表該研究的比利時學者在長達四年的時間裡追蹤了超過四百位在兒童加護病房裡接受重症治療的兒童。他們發現，若兒童在治療期間直接暴露於從醫療器具釋出的「二（**2-乙基己基**）鄰苯二甲酸酯」（di(2-ethylhexyl)phthalate，簡稱為 DEHP），將導致他們產生長期的注意力缺失。

退一步想想這項大發現的過去和未來：這些重症病童往後的人生將苦於注意力缺失，只因為他們在那段生命中最脆弱的時刻接受了可以拯救生命的治療，而暴露在會活化

荷爾蒙、改變大腦的塑膠化學物質當中。這真是令人困惑又難過！這是很經典的內分泌干擾作用，在生命早期暴露在干擾內分泌的化學物質中所產生的效果，可能要等到年紀大一點的時候才會顯現出來。

┃ 鄰苯二甲酸酯（PHTHALATES）： ┃ 是時候抵制它們了

二〇〇五年，羅徹斯特大學的莎娜・斯溫（Shanna Swan）博士發表了一項現今仍極具開創性的研究，使得這類被稱為鄰苯二甲酸酯的化學物質一夕成名——至少在科學界與化工界成了焦點。科學界讚揚這項研究，覺得它很有說服力且使人憂慮；化工界則抨擊這項研究，將它貼上了有瑕疵且草率的標籤。斯溫博士和她的團隊發現，若母親曾暴露在化學物質鄰苯二甲酸酯下，男童會出現令人擔憂的影響。這個現象可被稱之為男孩的「去雄性化」（demasculinization）或「女性化」（eminization）：陰莖尺寸較小、睪丸未降到陰囊，以及被形容為「跟周圍組織沒有明顯不同」的陰囊；當接觸的是多種鄰苯二甲酸酯時，這些效應會更加強烈。

鄰苯二甲酸酯到底是什麼？它們是一大類合成化學物質，主要用來當做塑膠聚合物（尤其是聚氯乙烯，簡稱 PVC）中的軟化劑或「塑化劑」使用，且可作為其它產品中的溶劑；舉例來說：將香精溶解在化妝品和個人護理產品中，使它們帶有香氣。你也可以在以下這些地方找到它們：食物包裝、塑膠保鮮膜、兒童玩具、

充氣玩具、便當袋、學校用品（鉛筆盒、活頁夾、文件夾）、油土、螢光棒、雨衣、浴簾、花園水管、乙烯基塑膠磁磚、壁紙和地板材料、黏着劑、清潔劑、潤滑油及油漆、藥品和醫療管線、靜脈注射袋（記得參閱我們之前提到的 PVC 章節，了解這些醫療器材有多麼令人擔心）。至於個人護理產品和化妝品部分，鄰苯二甲酸酯往往會潛伏在肥皂、洗髮精、體香劑、髮膠、指甲油和乳液當中；「潛伏」是個正確的字眼，因為它們可能不會被標示在標籤上，而是被歸入產品成份清單中的泛用名詞「香精」當中。

鄰苯二甲酸酯的問題之一，就是它們很容易、也很常到處移動，而且我們會以不計其數的方式暴露其中：大多是透飲食吃進接觸過食品包裝及容器中鄰苯二甲酸酯的食物，還會透過空氣中的「香氛」吸入它們。鄰苯二甲酸酯也會出現在家裡的灰塵、水資源及沉澱物中；在人類的尿液、血液和母乳中都曾被偵測到。它們不會和 PVC 中的塑膠聚合物產生鍵結，所以很容易從食物容器和包裝中釋出，在加熱及有油存在的情況下特別容易釋出。而那些帶有水果香味的洗髮精或帶有清新花香的髮型噴霧，可能充滿了易揮發、有毒、帶有「香味」的鄰苯二甲酸酯讓我們吸入。在居家環境中，兒童會比較容易碰到它們，因為他們會在堆積了鄰苯二甲酸酯灰塵的地板上玩耍。

還記得雙酚 A 為何會出現在大多數人類體內嗎？鄰苯二

甲酸酯也一樣。美國疾病控制中心（The U.S. Centers for Disease Control and Prevention）發現，多種鄰苯二甲酸酯在一般美國民眾體內的濃度已達可測量的程度，這也表示人們廣泛地暴露在鄰苯二甲酸酯之中。

問題的核心在於，鄰苯二甲酸酯對我們及孩子們的健康可能產生什麼效應。就像雙酚 A，鄰苯二甲酸酯也是內分泌干擾物質，而且，除了斯溫博士發現它們可能對年輕男孩產生什麼令人害怕的影響，鄰苯二甲酸酯也已經和其他好幾個健康議題有關聯，包括氣喘、新生兒的神經發育、生育力、肝臟損傷、肥胖，也可能和乳癌有關。根據來自動物研究的證據，「合理地預期」DEHP 是致癌物質。雖然需要進行更多研究，但就像所有內分泌干擾物質一樣，暴露其中所產生影響可能要好幾年才會出現。而我們認為，已經有足夠的理由來採取預防措施，並將我們暴露在鄰苯二甲酸酯之下的機會降到最低；政府似乎也這麼覺得。

在全世界好幾個國家，玩具和兒童產品中的六種常用鄰苯二甲酸酯濃度不可超過某個數值，包含加拿大、美國和歐洲：鄰苯二甲酸 2-乙基己基酸（di-2-ethyl hexyl phthalate，簡稱 DEHP）、鄰苯二甲酸二丁酯（dibutyl phthalate，簡稱 DBP）和鄰苯二甲酸丁基苯甲酯（benzyl butyl phthalate，簡稱 BBP）、鄰苯二甲酸二異壬酯（di-isononyl phthalate，簡稱 DINP）、鄰苯二甲酸二異癸酯（di-isodecyl phthalate，簡稱 DIDP）和鄰苯二甲酸二正辛酯（di-n-octyl phthalate，簡稱 DNOP）。一般認為，兒童產品是任何有助於兒童

睡眠、放鬆、衛生、餵食及吸乳或出牙的產品。但這兩類產品只代表世界上及所有日常用品中很小一部分的鄰苯二甲酸酯，每年還有數以百萬噸計的鄰苯二甲酸酯會被製造出來。

減少暴露在鄰苯二甲酸酯下的秘訣

● 避免使用塑膠容器、塑膠包裝、兒童玩具、花園水管、雨衣，以及其他任何以 PVC（塑膠分類標誌 3 號）製成的產品。選擇玻璃或不鏽鋼，或者，如果你一定要用塑膠類食物容器，就去找安全、比較穩定的種類，像是聚丙烯或高密度聚乙烯。

● 一定要確認你家小孩的玩具，尤其是他們會直接放進嘴裡的那些。此外，如果你懷疑某種玩具可能是 PVC，卻沒有標示出塑膠的種類，就去詢問製造商；如果確實是 PVC，就把它拿去回收。

● 不要把塑膠拿去微波，也不要在塑膠容器裡裝油膩、酸性的食物，因為這樣會增加釋出量。

● 避免可能含有鄰苯二甲酸酯的個人護理產品及化妝品（肥皂、洗髮精和髮膠）。閱讀標籤，雖然鄰苯二甲酸酯可能不會被列在上面。但如果標籤上只寫「香精」，它含有鄰苯二甲酸酯的可能性就很大。使用環境工作組織（Environmental Working Group）詳盡的 Skin Deep 資料庫（🌐 www.ewg.org/ skindeep/），你可以查看產品並找到不含鄰苯二甲酸酯的個人護理產品（在本書寫作的當下，上面共列出了六萬四千四百七十一件產品）。

- 用吸塵器吸地、拖地,並濕擦其他表面(尤其是有小孩在的地方),以便定期去除含有鄰苯二甲酸酯的灰塵。定期通風(最理想的狀態是每天),讓家裡的空氣清新也會有幫助——打開窗戶和門,利用天花板的風扇或空氣交換機。請注意,這不只對鄰苯二甲酸酯有幫助,對其他從塑膠中釋出的毒物也幫助,像是阻燃劑「多溴聯苯醚」(polybrominated diphenyl ether,簡稱 PBDE,我們會在後面的章節提到)。
- 如果你的地板灰塵很多,讓你的孩子在毛毯、棉或羊毛地毯上玩,而非在光禿禿的地板上玩。

聚苯乙烯(Polystyrene,簡稱 PS,塑膠分類標誌 6 號): 很適合當做絕緣材料,但可別用在咖啡杯上

就像先前提過的,我們住在韋克菲爾德,那是一個恬靜宜人、風景如畫的魁北克農村小鎮,有澄淨的加蒂諾河蜿蜒而過。因為它天然的美景和先進、環保的社區,我們在此定居已有數年之久。諷刺的是,幾年過後,一家叫做 Styro Rail 的公司來到這裡,設立了雜亂延伸、不斷擴展的聚苯乙烯(EPS)絕緣材料製造工廠。在製造 EPS 的過程中,它們會定期排放易揮發的戊烷氣體(有時候不分日夜),並製造數以噸計的 EPS。如今,每次我們在高速公路上路過這家公司(過去曾是一片原始的綠色田地)時,我們都會看到大量的 EPS,有部分被收縮包裝在飽經日曬雨淋、破舊的藍色塑膠(可能是聚乙烯家族的一員)材料裡,而且會在龐大的戶外儲存區放上好幾個月。

　　我們剛剛提到的 EPS（一般會稱呼他的商業名稱「保麗龍」），或許是最容易辨認的聚苯乙烯形式。它會製造出堅實的防潮層，被做成無所不的便當盒和飲料杯、蛋盒、盛裝牛絞肉到剝皮柳橙的打包用托盤、腳踏車安全帽、家用絕緣材料，以及讓貨物在運送過程中保持完整的防撞發泡顆粒。它還能夠以堅硬的形式出現，可能是透明或不透明的，被製成拋棄式的食物容器、刀叉、CD 和 DVD 盒、錄影帶匣及拋棄式刮鬍刀。它也會和橡膠結合以製造不透明的耐衝擊聚苯乙烯（high impact polystyrene），用在模型組裝套組、衣架、電子產品外殼、車牌外框、阿斯匹林藥瓶，還有包含試管和培養皿在內的醫療及實驗設備。

聚苯乙烯有多毒？

　　這是另一種我們會隨時避免使用的塑膠，尤其是針對食物和飲水。你可能會覺得聚苯乙烯這種拿來當作絕緣材料的發泡塑膠很適合做咖啡杯或茶杯，它能讓飲料保溫，避免杯子變得太燙而無法徒手握住。不幸的是，這完全就是它被行銷及使用的方式。問題在於，這些聚苯乙烯做的杯子會釋出苯乙烯，尤其是暴露在高溫下的時候。而苯乙烯的問題在於，它是一種「可以合理預期會致癌的物質」，這是一種保守的「科學說法」，意思是有研究直接指出它跟癌症有關。在長期接觸的情況之下，苯乙烯也被視為一種腦部及神經系統的毒素，且動物研究也顯示了它會造成基因損害，並對肺臟、肝臟及免疫系統產生負面影響。

它是一種非常受歡迎的家用絕緣材料，而且說真的，我們家地下室那光可鑑人的地板底下使用的絕緣材料，就是泡沫聚苯乙烯（注意喔，不是來自 Styro Rail，當我們蓋房子的時候，這個材料根本還沒出現在我們的雷達上）。長期釋出滲入地底確實讓我們很擔心，儘管對我們來說考慮這點已經有點太遲了；然而，就食物和飲水來說，我們絕對會避開這項物質。

聚氨酯：
支持你的瑜珈下犬式和夜晚睡眠

聚氨酯塑膠家族很大且種類多樣，包括彈性的泡綿（床墊、噴霧泡棉絕緣材料、地毯下墊層，以及家具、車、鞋的墊子）和堅硬的固體（水管、導管、墊片和封口），薄膜或塗層（食物包裝的黏着劑、矽膠隆胸植入物的塗層、保險套），甚至可伸縮的纖維（運動服裝、胸罩和潛水裝）。你或許就睡在聚氨酯床墊上，但你最熟悉的，可能是以運動纖維的外表出現的聚氨酯，像是已註冊商標的氨綸（Spandex）和萊卡（Lycra），它們用在運動和瑜珈配件，還有琳琅滿目的緊身褲和襪子上。現在只要離開在當地的農夫市集，可能就不容易找到百分百純羊毛的襪子了。大多數「羊毛」襪都含有一定比例能增加彈性的氨綸或萊卡。

聚氨酯有多毒？

我們認為，它們不論何時都該被避免。聚氨酯是用一般被稱為異氰酸鹽的有毒化學物質製成的，異氰酸鹽其實就是職業性氣

喘的主因，因此它對聚氨酯產業的工人和化學敏感的人來說十分危險。至於我們的日常使用，聚氨酯也和一般稱為接觸性皮膚炎這樣的皮膚刺激有關，因為我們會直接和這些含有聚氨酯的產品接觸，像是馬桶座、珠寶及縫在內衣裡的彈性纖維帶。

要記住，聚氨酯還有另一個層面的毒性：聚氨酯是非常易燃的基底塑膠，很可能含有大量的有毒阻燃劑添加劑，但很難知道是哪一種。床墊製造商認為，它們的阻燃劑配方是商業機密，因此不願意透露。想到我們人生中有大約三分之一的時間讓身體直接靠著床墊、吸入可能釋出的任何物質，我們就覺得這個「商業機密」足以讓人採取預防措施、換成無塑床墊，像是換成棉製或天然橡膠製的床墊（更多細節請參考附錄的臥室章節）。

接著還有聚氨酯噴塗泡沫絕緣材料，營造商可能會說它噴塗並固化後是安全的（儘管這仍然會讓噴塗的人有暴露在揮發性學物質中的風險，而且我們也還有添加阻燃劑的問題）。事實上，就算已經固化，也未必安全，因為常被用在這類絕緣材料的異氰酸酯亞甲基二苯基二異氰酸酯（MDI）可能會從絕緣材料中釋出氣體，這確實和氣喘、肺部損傷甚至死亡有關。沒錯，連那些放到牆壁中，讓我們的居家生活保持溫暖舒適的物質，我們也需要有所警覺。

聚碳酸酯（簡稱 PC，塑膠分類標誌 7 號）：
充滿 BPA 的害群之馬

在消費性產品中，聚碳酸酯和其核心組成成分之間有著廣泛而負面的連繫，這個組成成分就是內分泌干擾物雙酚 A，因此近年來已經大幅減少把這種塑膠使用在食物及飲水的容器上。但聚碳酸酯實際上是一種工程用塑膠（最初被製造出來的用意是要和壓鑄成型的金屬競爭），有許多工業方面的應用，像是傳動裝置和設備外罩。它堅固、透明且不易碎，被認為是輕量的玻璃替代品，因此普遍被用在運動水瓶和嬰兒奶瓶上。針對一些堅固的產品，包括 CD、DVD、眼鏡鏡片、牙科密封膠、實驗室器材、滑雪板、汽車零件，以及手機、電腦及電動工具的外罩，它仍是很受歡迎的材料。此外，儘管有雙酚 A 的問題，聚碳酸酯還是廣泛被用來製造大型的三加崙和五加崙（分別相當十一和十九公升）藍色水瓶，在辦公室冰箱和家用給水站都很常見。

聚碳酸酯有多毒？

因為它和雙酚 A 有關，我們認為聚碳酸酯是應該隨時被避免的物質，尤其是針對食物和飲水的接觸。接下來我們要談的內容，是根據我們寫書時最新的研究寫成，簡單說明了和雙酚 A 有關的健康問題。

雙酚 A（BPA）：
這裡也有，那裡也有，無處不在

我們之前解釋過雙酚 A——這是一種用於製造硬質聚碳酸酯塑膠和環氧樹脂的內分泌干擾化學物——在世界各地的空氣中都有。好的，你猜到了嗎？它也可能出現在我們所有人的身體裡。研究人員猜測，世界各地的人類——成人，青少年和兒童——在血液，尿液或身體組織中都可能含有可測量程度的雙酚 A。一些政府研究已在大部分人體內檢測到雙酚 A：

● 在加拿大，六至七十九歲之間的人當中九一％有。

● 在美國，六歲以上的人當中九三％有。

● 在德國，三至十四歲的人當中九九％有。

我們最容易接觸到它的管道是飲食。聚碳酸酯產品會釋出這個成分，例如食品容器和大型水壺，以及鋁罐和鋼罐中的環氧樹脂內襯，這些金屬罐用於包裝你想像得到的所有罐裝食品或飲料，從碎番茄和奶油玉米到啤酒和薑汁啤酒。酸性、油性食物和高溫會使釋出增加。

熱感應紙現金收據的印刷顯影劑含有大量雙酚 A，它會跑出來沾上你的手指，被吸收進入你的皮膚深處，無法被洗掉。事實上，洗手乳和其他皮膚護理產品都含有增加皮膚穿透性的混合物——可以把皮膚所吸收的雙酚 A 量增加一百倍之多。在一項最近的研究中，學者發現，當男性和女性使用

過含有促進滲透的化學物質的洗手乳，再拿起熱感應收據紙，雙酚 A 就會轉移到他們手上，接著再轉移到他們拿起來吃的薯條上：雙酚 A 會透過皮膚和嘴巴一起進入體內，導致血液及尿液中的雙酚 A 濃度迅速且急遽的增加。

它是一種干擾內分泌的化學物質，而且詳盡探討科學文獻就會發現，一般人體內累積的雙酚 A 就可能會對人體有害，而這個濃度其實遠低於被政府監管機關視為安全的濃度。研究者發現，早年的雙酚 A 暴露與行為改變之間有很強的關聯，包含兒童的腦部發育受到干擾，罹患兒童期喘鳴（wheeze）和氣喘的可能性也會增加。雙酚 A 被視為是「生殖性毒素」，因為它會影響雌性生殖系統，也可能會影響人類及動物的雄性生殖系統。目前有大量經同儕審閱的科學文章認為，雙酚 A 和多種健康問題有關，包含青春期提早、肥胖、不孕症、胰島素抑制、過動及學習障礙，還可能會增加罹患乳癌、前列腺癌、心臟病及第二型糖尿病的風險。

不含雙酚 A 的塑膠會比較安全嗎？

也許你曾經在店裡看過奶瓶、吸管杯或水瓶，上面貼著令人高興的「不含雙酚 A」標籤。先不要太興奮，因為大眾不信任雙酚 A，而且世界上某些地區（加拿大、歐洲、還有美國的某些州）已對奶瓶中雙酚 A 發出禁令，製造商已經用同樣來自雙酚家族的其他化學物質取代雙酚 A，這些物質的名字都很缺乏想像力，像是雙酚 AF、雙酚 B、雙酚 C、雙酚 E、雙酚 F 和雙酚 S。這些名字很相似是有原因的：它們的化學結構幾乎完全一樣，而且它們

似乎擁有同樣的內分泌干擾天分。研究已經顯示，有許多這類替代物質也有干擾荷爾蒙的活性（有時候甚至還比表親雙酚 A 還糟），這個邪惡家族的毒性傳統仍然繼續傳承。

減少暴露在雙酚家族下的秘訣

- 避免使用聚碳酸酯塑膠產品及無雙酚 A 的塑膠產品，尤其是在食物和飲水方面（標示塑膠分類標誌 7 號的「PC」。但請注意，這是個籠統的分類，包含除了 1 到 6 號以外的所有塑膠）。

- 如果你一定得使用它們——譬如用來運送、儲存及冷卻水的常見大型藍色儲水桶，就盡量縮短水和桶子接觸的時間，盡快把它裝到另一個容器裡，像是玻璃或不鏽鋼，越快越好。回收或取代有刮痕或磨損的聚碳酸酯或不含雙酚 A 的塑膠容器（磨損之後，它們看起來霧霧的或比較難透視）。聚碳酸酯的刮痕及磨損越多，雙酚 A 的釋出量就越多。

- 避免把食物或飲料裝在聚碳酸酯或不含雙酚 A 的塑膠產品裡加熱（尤其是用微波爐）。避免把油膩或酸性的食物及飲料裝在這些容器裡（例如檸檬和番茄）。熱、油及酸性物質可能會增加的雙酚的釋出量。

- 盡可能避免罐裝食品，因為大多數罐頭裡都有一層內襯，是由含有雙酚 A 的環氧樹脂製成。盡可能尋找新鮮的有機食物。

- 除非你非常需要，否則不要拿收銀機收據。不要讓小

孩拿收據。避免在使用洗手乳或護手霜之後拿著收據。碰
到收據之後要盡快洗手。

環氧樹脂：
從超級膠水到食品罐頭內襯

　　環氧樹脂是一種作風硬派的聚合物，具有強度高、輕量、耐
溫度變化和耐化學性等特性，因此廣泛用於許多消費性商品和工
業應用，包括高性能粘合劑、塗料、油漆、密封劑、絕緣體，汽
車船隻和飛機的部件、風力渦輪機葉片，光纖和電路板。它們也
是大多數食品罐頭的內襯。你可以在高性能裝飾性水磨石地板上
找到它們，畫家和雕塑家會在藝術作品中使用它們，創造出光澤
的保護性飾面和迷幻的形狀。

環氧樹脂有多毒？

　　由於它們在日常生活各個方面隨處可見，我們只能盡力在任何
情況下避免使用它們，尤其是避免直接和食物及飲水接觸。多數的
環氧樹脂是用雙酚 A 及另一種稱為環氧氯丙烷（epichlorohydrin）
的毒物製成，一般認為這種毒物和血液、呼吸及肝臟損傷有關，
而且可能是會讓人類致癌的物質。另外，罐頭內襯確實有可能使
我們暴露在低濃度的雙酚 A 及環氧氯丙烷中。

丙烯酸樹脂：
防彈樂高，有人要嗎？

丙烯酸系列塑膠堅韌，富有彈性、種類多樣性。它們是剛性熱塑性塑膠，可以承受巨大的物理壓力並恢復其原始尺寸，且形狀不變。它們可以像玻璃一樣清晰透明，非常堅固——甚至可以防彈——這使它們在高安全性應用領域中廣受歡迎；想想教宗坐駕的透明牆，國家元首的豪華轎車車窗，和銀行櫃員的窗戶（聚碳酸酯和聚氨酯也可用於製造防彈玻璃，這種玻璃由多層透明塑膠樹脂組成）。丙烯酸樹脂用於製造白內障的替代水晶體和各種牙科應用，包括填充物和移動式假牙。你還可以發現它們用來做成平面窗戶、戶外標誌、汽車燈罩、水族館和淋浴門。

三種最常見的丙烯酸樹脂是丙烯腈丁二烯苯乙（acrylonitrile butadiene styrene，簡稱 ABS）和苯乙烯丙烯腈（styrene acrylonitrile，簡稱 SAN）和聚丙烯腈（polyacrylonitrile，簡稱 PAN）。鑒於它們的韌性和穩定性，可用於代替聚苯乙烯。例如，將 SAN 用於製造更耐用的餐具。

穩定性的增強是有代價的，因為這些丙烯酸樹脂的成本約為聚碳酸酯的兩倍。ABS 可用於各式各樣的居家用品，包括樂高硬質塑模玩具、樂器（錄音機和單簧管）、行李箱、高爾夫球桿頭、傢具收邊和安全帽。在工業領域，也可以在家電外

殼、車身零件、船隻、移動房屋和管道中找到 ABS。至於 PAN，如果你在服裝標籤上看到「壓克力」這個詞，它就是某種形式的 PAN，它最常用於纖維，製作從襪子和毛衣到帳篷和船帆的織品。

丙烯酸樹脂有多毒？

因為其強度、硬度和穩定度，我們認為丙烯酸是「相對安全」的塑膠。你會注意到 ABS 和 SAN 在製造過程中都含有苯乙烯作為核心成分，而我們已在前文「聚苯乙烯」提過，苯乙烯毒性極強。但最後製成的 ABS 和 SAN 聚合物夠穩定，所以應該不會有自由的苯乙烯釋出。然而，就像所有塑膠一樣，我們仍嘗試避免讓丙烯酸樹脂和食物飲料接觸。另外，當 ABS 聚合物用於使用時可能會起火的產品（例如電子產品和電器），可能會添加阻燃劑，這也有可能會引起毒性問題。

現已證明，用來製造牙科補牙材料、牙冠、牙橋及假牙的丙烯酸甲基丙烯酸酯具有細胞毒性（意思是它們在細胞層次有毒，而不是對某個特定器官有毒），因為釋出的有毒化學物質包含甲醛和甲基丙烯酸甲酯。研究從丙烯假牙中釋出的物質後，認為假牙的基底樹脂含有細胞毒性，會刺激黏膜並改變口腔內部敏感度。

聚醯胺（Polyamides）：
從絲襪和魔鬼氈到克維拉特級服飾

　　有天然的聚醯胺，像是絲綢和羊毛，也有合成的聚醯胺，它們非出於大自然，而是由化學製造巨擘杜邦公司（DuPont）所製造的尼龍和克維拉（kevlar）。這種聚醯胺屬於另一個用途超多的塑膠家族（因其強度、耐久性和伸縮性而人人嚮往），它可以是編織紡織品的纖維，也可以是製造運動裝備和汽車零件的固體。一九三〇年代，杜邦公司的研究人員研發出尼龍，當時他們正在尋找能替代絲綢的合成材料。克維拉則是一九六〇年代由一位杜邦公司的化學家意外發現的，當時他正在尋找能製造堅固而輕巧輪胎的新型纖維。我們先暫時不談這些，讓各位看看這些常見的聚醯胺分布得有多廣：

- 尼龍纖維：衣服、襪子、牙刷和梳子上的刷毛、魔鬼氈、繩子、樂器弦、帳篷、降落傘、地毯和輪胎。

- 固態尼龍和尼龍膠膜：食物包裝、梳子、船槳、滑板輪、機械螺絲和齒輪、汽車的零件（引擎外殼、燃料管路、燃料箱）。

- 克維拉：大約比鋼堅固五倍，它在軍事及安全用具中非常普遍，尤其是身上的盔甲和頭盔。它也被用在其它厚重耐穿的衣服（皮褲、重機裝、擊劍裝備）、鞋子、運動球拍繩、競賽用船帆、加拿大式及愛斯基摩式輕艇（canoes and kayaks）、樂器（鼓面和琴弓）、不沾煎鍋塗層（鐵

081

氟龍的替代品）、繩子、電纜、光纖電纜外殼的塗層、接頭、軟管和汽車煞車。

聚醯胺有多毒？

　　身為塑膠樹脂家族的一分子，因為它們的強度和穩定度佳，聚醯胺相對比較安全。我們關切的重點主要是它們廣泛用於製造合成材質的衣服，尤其是那些可能被添加到這些織品中的大量添加物。我們會在布料和織品的章節裡談到這部分。

聚四氟乙烯（Polytetrafluoroethylene，PTFE）：鐵氟龍專屬的毒性類別

　　聚四氟乙烯（PTFE）是一種強韌的非反應熱塑性含氟聚合物，一般較普遍的名稱是杜邦公司幫它取的商品名稱：鐵氟龍。該公司在一九三八年發現這項材料。就像克維拉一樣，它也是杜邦公司的化學家意外之下創造出來的產物，這次是在實驗製冷劑的時候。它最著名的應用就是在鐵氟龍烹飪用具（像是煎鍋和烤盤）上超級滑順的不沾塗層，它也被用作工業用潤滑劑，讓齒輪和大型機械能順利運轉。經過延伸後，聚四氟乙烯會被製造成植入人體內的外科移植物、用於太空航行的電纜線，以及很受歡迎的防水透氣 Gore-Tex 衣料，用來征服聖母峰的山頂。

聚四氟乙烯有多毒？

　　我們認為它應該避免被用在廚房和烘焙用具上，也認為最

好避免使用相關材質的拋棄式食物包裝來裝油膩的食物。直到現在，鐵氟龍在製程中都會使用一種被稱為全氟辛酸（perfluorooctanoic acid，簡稱 PFOA）的表面活性添加劑，這是全氟烷化合物（perfluorinatod compounds，簡稱 PFC）家族的子孫之一，PFC 是出了名的致癌物和持久的環境汙染物。除了癌症以外，全氟辛酸也和心臟病、中風、以及內分泌系統、免疫系統、肝臟和腦下垂體的嚴重負面效應有關。

全氟烷化合物到處都是，而且被廣泛應用於製造像是鐵氟龍之類的氟聚合物，不只是不沾鍋，還包括範圍廣泛的眾多產品，像是衣服、化妝品、地毯黏著劑、電線絕緣材料和食物包裝，這些食物包裝是用以包裝油膩、如果沾到會產生污漬的食物——我們說的是用來裝漢堡、三明治的紙袋，裝奶油、披薩的盒子和爆米花袋，它們的內層都有全氟烷化合物。這可能有助於說明為什麼有四種常見的全氟烷化合物，包括全氟辛酸和它有毒的兄弟全氟辛烷磺酸（PFOS）會存在於百分九十八美國人口的血液裡，這也是研究人員認為這樣的暴露無所不在且為慢性暴露的原因。

在含有全氟辛酸的鐵氟龍中，當鍋子加熱到達高溫時，會釋出有毒的全氟辛酸氣體。之所以會發現這種鐵氟龍中毒症，是因為有寵物（特別是鳥類）被這些廢氣毒死，這些廢氣不只來自熱的不沾鍋，還來自烤麵包機、烤盤、披薩盤、自動清潔的烤箱、食物保溫燈、含有不沾塗層的烤箱內部、熨斗和小型

電熱器，還有地毯膠和新沙發。

　　杜邦公司表示，從二〇一二年一月一日起，該公司已經停止用全氟辛酸製造鐵氟龍廚具和烘焙用具的不沾塗層，但並未透露取代的材料是什麼。是另一種全氟烷化合物嗎？誰知道呢？但杜邦公司的作業透明度低，再考慮到他們在全氟辛酸毒物引起的健康和環境破壞的不負責任態度，基於這兩方面的不良記錄，讓我們寧可慎重考慮並避開任何有鐵氟龍的用品。

三聚氰胺：
從餐具到蛋白質的替代品？不行！

　　一九五〇到一九六〇年代，是二戰後的塑膠潮，在這段時間，美耐皿餐具大為流行，十分搶手。至今還可以在 eBay 上找到許多有節慶設計、色彩繽紛的懷舊復古 Melmac 牌美耐皿（編註：即三聚氰胺）碗盤，甚至可以買到許多全新的美耐皿。它是一種熱固性塑膠，使用富含氮元素的白色粉末狀合成性有毒化學物質三聚氰胺和一種有毒且易揮發的致癌物質甲醛，將它們聚合在一起製成。你可能知道我們接下來要說什麼了，但你必須明白，這裡講了兩種東西：一是三聚氰胺樹脂，一是用於製造這種樹脂的前趨化學物質，它也叫做三聚氰胺。除了碗盤之外，三聚氰胺樹脂還用於製作刀叉、白板和檯面常用的高壓層板——例如富美家（Formica）和 Arborite 牌的地板和櫥櫃。

三聚氰胺有多毒？

這又是一種我們寧可避免的塑膠。化學物質三聚氰胺可能會從美耐皿碗盤和刀叉釋出到食物中，尤其是碰到酸性食物，及加熱食物的時候——絕對不要把美耐皿碗盤放進微波爐。儘管釋出的量可能很小，但研究顯示，這種化學物質和嚴重的腎臟損傷有直接關連。人體消化系統中的某些細菌似乎會將化學物質三聚氰胺代謝成三聚氰酸（cyanuric acid），一般認為這就是腎臟、輸尿管和膀胱形成結石的原因。

化學物質三聚氰胺是在二○○八年在全球毒物地圖上登台亮相，當時有些中國牛奶製造商非法添加了這種富含氮元素的毒物到牛奶和嬰兒奶粉中，當做填充劑，並且不實地提高蛋白質含量。到二○○八年十一月時，已波及二十萬九千四百名中國嬰兒，其中五萬名住院，六名因腎臟損傷而死亡。使用美耐皿碗盤是不會產生這麼嚴重的風險，但你怎麼會希望有任何一種這類化學物質進到你的體內？

橡膠家族：
從乳膠奶嘴到發泡氯丁橡膠

為什麼我們要在一系列常見塑膠中加入橡膠？因為，無論是天然橡膠還是合成橡膠，它們看起來、摸起來和表現出來的樣子就像塑膠一樣，而且坦白說，就我們的經驗來看，很多人其實就把它們視為另一種形式的塑膠。此外，它們在各種消費

性產品（包括許多兒童用品）中很常見，也可能會有過敏或毒性的問題。

橡膠是什麼材料製成的？在化學領域中，橡膠被稱為彈性材料，而彈性材料其實是同時具備黏性和彈性特性的聚合物。黏性物質很濃稠，就像蜂蜜或糖漿，從另一方面來說，水的黏性就很低。橡膠有彈性是因為，無論它們被往什麼方向推或拉，最後都會恢復到原始的形狀和大小。我們先前談過 ABS 和 SAN，它們一般被視為硬質橡膠，但這裡我們談的則是在日常生活中廣泛使用的橡膠軟質，尤其是乳膠和氯丁橡膠（neoprene）。

天然乳膠是從樹木中取得的乳白色液體，而大多數商業天然乳膠是來自巴西橡膠樹（*Hevea brasiliensis*），這種樹分布在非洲與東南亞。合成橡膠和傳統塑膠一樣，也是以石油為基底，由一種稱為丁二烯（butadiene）的單體構成。

你會發現，天然及合成乳膠橡膠被用來製造各種日常消費性產品：嬰兒奶瓶奶嘴、安撫奶嘴、洗碗手套、鞋子、玩具、床墊、輪胎、球、氣球、地毯、熱水瓶、免洗尿布、衛生棉、橡皮筋、橡皮擦、泳鏡、球拍柄、機車與單車手柄、保險套、子宮帽（編註：避孕用品）、輪胎、水管、腰帶、汽車地墊和地板。它也普遍應用在醫療用品中，包括血壓計壓脈帶、聽診器、靜脈注射管線、注射筒、呼吸器、電極軟墊、手術面罩和手套。

接著還有氯丁橡膠，屬於比較堅硬的合成橡膠家族，它比天然及合成乳膠更不易分解。在透氣的防水消費性產品中十分常見，像是便當袋、筆電保護套、衣服及潛水服用的易浮發泡絕緣材料。

橡膠有多毒？

其實要看情況。我們傾向避免使用合成乳膠和氯丁橡膠。我們知道天然橡膠可能引起過敏，但一般認為它是安全的。

合成橡膠產品的問題在於，它們在製程中可能使用了一種叫亞硝胺類（nitrosamines）的塑化柔軟劑，這種化學物質目前可合理推測為致癌物質，而且可能會從奶瓶奶嘴、安撫奶嘴、氣球和保險套這些日常用品中釋出。儘管某些國家（包括加拿大、歐盟和美國）已經對亞硝胺在奶瓶奶嘴或安撫奶嘴之類的產品中的含量作出限制，這些嬰幼兒用品中還是可能含有一些亞硝胺。因此，我們認為天然橡膠或矽膠材質的奶瓶奶嘴和安撫奶嘴是更安全的選擇。

天然橡膠乳膠中的某些蛋白質會引起過敏反應。這樣的過敏是相對常見的，可能包含打噴嚏或流鼻涕這樣的症狀，在極少數情況下，會產生危及生命的過敏性休克。眾所周知，這種過敏可以很快被診斷出來，所以如果你懷疑自己可能對此敏感，最好避免使用天然橡膠乳膠產品，同時去做個過敏測試。舉一個大家都知道的例子，就是拋棄式天然橡膠乳膠手套——

在醫院和實驗室經常使用 —— 它在敏感的人身上可能引發過敏反應，會以接觸性皮膚炎的形式出現，基本上是乾燥、發癢的皮疹。

> 天然橡膠產品（如嬰幼兒產品，像是奶瓶奶嘴和安撫奶嘴）的製程中，會去除引起乳膠過敏的問題蛋白質。

氯丁橡膠也是一種過敏原，可能導致皮膚炎症症狀，如濕疹或接觸性皮膚炎。在一項研究中，穿著氯丁橡膠材質漁夫褲（釣魚用）的患者因過敏反應而不得不住院治療。這種反應的催化劑是一種稱為硫脲的添加劑，用於加速氯丁橡膠製程中的橡膠硫化過程。乙烯硫脲是當中一個關鍵的罪魁禍首，除了會刺激皮膚以外，一般也認為，它對人類來說可能是一種致癌物質。

布料和織品：
為何非合成材質的衣服比較好？

隨著我們一路說明這些常見的塑膠，你可能已經注意到，許多塑膠（像是丙烯酸和尼龍）會被做成布料形式，而可能會用在某些種類的衣服上，因此，有些塑膠布料可能是內含毒物的：如聚氯乙烯纖維中有會干擾荷爾蒙的鄰苯二甲酸酯，聚氨酯纖維（如氨綸和萊卡）中有可能會刺激皮膚的異氰酸酯，聚酯纖維中有可能會致癌的銻，氯丁橡膠纖維中有可能致癌的物質硫脲。

　　二〇一三年，綠色和平組織委託相關機構，在全球各國針對銷售的織品進行全面測試（包括兒童服裝和鞋子），並在其中檢測出多種危險的化學物質，尤其是大量的內分泌干擾物和致癌物質。這些化學物質之所以會存在於最後的成品內，一是因為它們是產品中原本實際含有的成分，一是因為它們是製造該產品時的特定製程步驟殘留下來的物質。事實就是，它們就在那裡，而我們不一定知道它們是否會從衣服中釋出，會不會直接影響我們的健康。

　　問題在於，這些毒性物質可能會釋出並影響我們的健康，無論我們是否有意識到它們的存在都一樣，此外它們還可能導致長期發展的疾病，比如癌症。這是一種緩慢、持續的毒性暴露，因此，當健康狀況最終表現出身體症狀時，很難追溯到特定的來源。這就是為什麼我們選擇預防，並盡量避免合成材質的衣服（有關如何處理這個問題的一些想法，請參閱我們在服裝章節的說明。相關產品建議請參閱附錄章節中的服裝部分）。

　　另一個問題是：塑膠織品和衣料會直接衝擊到海洋微塑膠汙染的問題。這些織品在使用及清洗時，會將微小的合成塑膠碎片釋放到空中或洗衣水中。我們可能會吸入它們，它們也可能會沈積在室內灰塵或室外環境中，它們也會隨著洗衣水進入排水管，因為體積太小而無法被公共廢水系統捕獲，最終進入河流和海洋。根據研究人員估計，每件衣服在每次清洗時會產生超過一千九百根微塑膠纖維——他們在污水排放區找到了很

類似衣服材料的聚酯和丙烯酸纖維。

接著，所有的微塑膠會被野生動物吃下肚，因為牠們無法區分什麼是真正的食物，什麼是不能吃的塑膠。因此，塑膠及其毒素在整個生態系統找到了一條路進入食物鏈，並逐漸累積更多的毒素。

還有其他化學物質來自塑膠嗎？

簡答：**當然有**。大多數塑膠添加劑不會與塑膠聚合物產生化學鍵結，因此它們可以移動，而且很容易釋出。合乎邏輯的下一個問題是：這些化學物品是什麼？簡答：誰知道？如果不向製造商問出所有成分的清單，就不可能知道。這絕對值得一試，但如果他們告訴你這是商業機密，也不要太驚訝。就繼續嘗試詢問吧，因為問的人越多，製造商就越會意識到這是一個公眾問題，受到客戶的關注。如果有越來越多人要求這些公司去回應一件事——尤其是在這個如迅雷不及掩耳的病毒式社交媒體文章能要求企業負起責任的時代——那就是有客戶要求答案和解釋、而且公開談論公司不予反應的問題，特別是他們的產品會危及嬰兒和孕婦健康風險的時候。

另一個選項，是把產品拿到化學實驗室去檢驗成分。然而，這樣的檢驗非常昂貴，也可能無法偵測出每種化學成分。

公眾之所以沒有意識到消費性產品中添加了化學物質的關鍵原因在於，事實上，大多數國家（包括加拿大和美國在內）都沒有要求製造商揭露產品中的所有成分。如果某種化學物質對人體健康或環境產生顯著的負面效應，而且有足夠的科學證據可以證明這些效應，政府就可能開始採取行動，去禁止或限制它們的生產和使用。但就算真的這麼做了，政府的效率就是慢（而且會屈服於不可預料的政治力量和個人品格因素）。在這段時間當中，還是可能對人類健康和環境產生許多傷害。

除了我們在前文中提過的那些會干擾內分泌的化學物質（鄰苯二甲酸酯和雙酚系列）和許多我們已經在前文提過的化學物質，還有一些在各種常見塑膠中可能會被釋出的其他化學毒性物質，說明如下：

● 阻燃劑：塑膠製造商不會希望自家從石油提煉出來且性質不穩定的塑膠產品著火，所以在許多塑膠樹脂中添加阻燃劑。阻燃劑可能是好東西，救了很多人——沒有人希望自己在火爐裡添柴火時，身上的聚酯纖維襯衫被火點著吧。最常被使用的阻燃劑是多溴二苯醚類物質（polybrominated diphenyl ethers，PBDE）和有機磷酸酯類物質（其中最糟糕的罪魁禍首縮寫包括 TDCIPP、TPHP 和 TBPP），它們就不是什麼好東西了。它們的毒性極強，而且會在環境中持續存在很久的時間。研究顯示，它們是會干擾內分泌的化學物質，而且和各種問

題都有關連，包括改變甲狀腺功能、生育能力減弱、以及其他生殖與發育的健康問題，對孕婦和嬰兒來說，問題更大。最諷刺的是，研究顯示，化學阻燃劑其實不能避免家具著火，消防隊員甚至還積極地反對使用阻燃劑，因為它們可能產生有毒氣體和煙霧。加州曾經執行過一項法律，鼓勵在有填充軟墊的家具中使用阻燃劑，但在二〇一四年，基於剛剛提過的理由，這項標準變了，不再強制要求加入阻燃劑。而到了二〇一五年，加州法律規定，所有在加州販售的新軟墊家具都要有個目視可見的標籤，標明是否有添加化學阻燃劑（但不必標示是何種化學物質）。

● 抗微生物劑：會添加合成的抗微生物劑（這基本上是「殺蟲劑」，是有利於行銷的美化說法）的東西可不只是漱口水、牙膏、除臭劑、肥皂、乾洗手和化妝品。你還可以在用來製造家用消費性產品的各種塑膠裡發現它們的蹤跡，像是食物容器、砧板、牙刷、醫療器材、運動裝備、衣服、家電、甚至玩具。為什麼塑膠裡面必須得有抗菌劑？因為細菌、真菌、藻類、酵母菌、黴菌和其他微生物會讓未經處理的塑膠變得容易分解（degrade）、褪色及產生臭味。那麼塑膠製造商提出的解決方案呢？就是在塑膠模塑成型的同時，在裡面添加毒性極強的合成殺生物劑，以便讓這些殺生物劑完全浸透塑膠。其中最常見最惡質的殺菌劑就是三氯沙（triclosan），你可以發現它被內建在上面列出的這些產品裡。三氯沙可以直接穿透皮膚，而且會干擾內分泌，產生許多跟內分泌有關的健康風險：甲狀腺功能受損，也可能

對男性和女性生殖功能產生負面影響。此外，廣泛使用三氯沙會產生對抗生素有抵抗力的病菌（或稱「超級病菌」）生成，這會降低抗生素的療效。三氯沙會在環境和野生動物的組織中累積，可能因此變得更毒：當它在暴露在陽光下的地表水中分解，可能轉變成具高度致癌性的戴奧辛；而在飲用水中，它可能會和氯產生反應，變成會致癌的氯仿（chloroform）。最重要的是，它的殺菌效果也沒有比標準的肥皂和水來得好。美國和歐洲已經禁止使用在肥皂和洗手液中使用三氯沙，但仍然廣見於各種消費性產品，這些產品有很多都是塑膠。

● 重金屬：這裡我們談的主要是鉛、鎘、汞和砷，它們都是在高毒性塑膠聚氯乙烯（PVC）的製程中常添加使用的穩定劑。在氯乙烯（PVC 的建構單元）的製程中，汞也被當做催化劑使用。請記住，我們認為 PVC 可能是目前現存最毒的消費性產品用塑膠。這些重金屬就是原因之一（其他原因請參閱 PVC 章節）。正如同前文所說，PVC 在產品上的應用很廣，但我們先在這裡強調：它至今仍然用來製造兒童玩具（很驚人吧）。那這些重金屬為什麼會有問題？以下是簡要的說明：

◆ 鉛是神經系統劇毒，可能嚴重損害腦和腎臟。兒童對鉛比較敏感，而且可能會造成長期的發育影響。可合理預期鉛是一種會讓人類致癌的物質。

◆ 鎘是已知的致癌物質，還可能對肺和腎造成嚴重的

長期損害。

◆汞跟鉛一樣，對神經系統、腦和腎臟有很高的毒性，還
可能破壞胃和小腸。它也可能是會讓人類致癌的物質。

◆砷是已知會讓人類致癌的物質，也長期被視為毒性物質，
它可能嚴重影響皮膚、胃、小腸、肝、膀胱、腎和肺。

我們真的還需要更多理由才要避免使用 PVC 嗎？這些從塑
膠產品釋出的重金屬量可能是微量（如果有的話），但我
們傾向先採取保護措施，並盡可能避免塑膠，因為我們相
信這類有毒物質沒有所謂的安全劑量：尤其是要考慮到孩
子們的時候。

● 除了添加劑，還是添加劑！以下提出了幾類值得大家仔細思
考的塑膠添加劑：抗微生物劑、抗氧化劑、防靜電劑、可
生物分解之塑化劑、起泡劑、著色劑、固化劑、染料、增
量劑、外部潤滑劑、填料、阻燃劑、疏鬆劑、發泡劑、香味、
熱穩定劑、增韌劑、起始劑、內部潤滑劑、光穩定劑、光學
增白劑、顏料、塑化劑、加工助劑、增強劑、增滑劑及溶劑。
這些還只是類別名稱而已。在每個類別裡還有數十種、甚至
數百或數千種可能使用的化學物質。以下的實例是要強調，
塑膠在極度嚴苛條件下的高度加工特性：當塑膠在高達華
氏三五〇度（相當於攝氏一八〇度）以上的標準溫度下進行
加工時，熱穩定劑會避免塑膠聚合物分解（decompose，字
面上的意思就是會瓦解）。能在這樣的條件下避免塑膠被
瓦解（fall aport）的化學物質，本身必定也是一種很強的化
學物質。因為大多數的添加劑都不會被標示在產品標籤上，

因此我們無從得知這個塑膠杯、襯衫或填充動物玩具究竟被添加了什麼化學物質。

面對「無法得知生活周遭的塑膠會釋出什麼化學物質」這樣不確定的情況，最好的方法就是：隨時盡可能避免使用充滿添加劑的塑膠製品。

「矽膠」是塑膠嗎？它安全嗎？

近年來，矽膠變得非常流行，它被當作一種傳統塑料的安全替代品，持續推向市場。我們到處都看到它們——嬰兒奶瓶奶嘴，餐廚用具，玩具，馬克杯，食品容器，瓶子和容器上的封口。他們甚至驕傲地被拿去作要進高溫烤箱的餅乾墊和馬芬蛋糕烤盤，以及要進冷凍庫的冰塊模具。傑的媽媽有一套可以直接接觸沸水的矽膠水煮蛋模具，已經用好幾年了。這總是讓傑感到不安，但他仍然吃了媽媽煮的蛋（有時你真的必須選擇要打哪場仗，她已經改用金屬水煮蛋鍋了）。

你還會發現，化妝品和各種個人護理產品中會使用矽膠，使成品柔軟光滑。在更多工業環境中，它們通常用來作為絕緣材，密封劑，黏著劑，潤滑劑，墊圈，過濾器，醫療用品（例如管線），也用於電氣用品的外殼。

那矽膠算是塑膠嗎？矽膠（也叫做矽氧烷）是介於合成橡膠和合成塑料聚合物之間的混種。它們可能做成不同的形式，並用於製造可延展的類橡膠物品、硬質類塑膠樹脂、以及可塗抹開來的濃稠液體。

我們對矽膠與其他塑膠一視同仁，因為它們具有類似塑料的所有特性：可彎曲、可延展、透明、耐高／低溫又防水。與塑料一樣，它們可被塑形或成形、也可被軟化或硬化，做成幾乎任何東西。 雖然它們能防水，但也具有高透氣性質，因此可用於需要透氣的醫療或產業應用。而它們易於清潔、不沾，也不會染上髒污，這些特性使它們在炊具和餐廚用具大受歡迎。

那麼，矽膠「究竟」是什麼呢？ 許多人似乎認為它們是直接來自沙子的天然材料。不是這樣的。矽膠與任何塑膠聚合物一樣都是合成材質，是一種混合物，含有多種來自石化燃料的化學添加劑。它與前文所述所有碳基塑膠的主要區別在於：矽膠的主鏈是矽做的，不是碳。在這裡，使用正確用語是很重要的，我們必須了解以下三種不同但彼此相關的物質：

● 矽石（Silica）：當人們說矽膠是用沙子製成的時候，雖然太過簡化，但並非全然不正確。他們說的是矽石（silica，**編註：此一英文名詞也常被翻譯為「矽膠」**），也就是二氧化矽（silicon dioxide）。二氧化矽是一種可用來製造矽樹脂的原料。 沙灘上的沙子幾乎就是純的二氧化矽，像是

石英。

- 矽（Silicon）：這是一種基本元素，二氧化矽的主要組成，但我們通常不會在自然界中發現元素形式的矽。 要在工業爐中用非常高的溫度加熱二氧化矽和碳才會產生。

- 矽膠（Silicone），或稱矽氧烷（Siloxane）：使矽與源自石化燃料的烴類反應，會產生矽氧烷單體，這些單體會結合在一起，成為聚合物，而形成最終的矽膠樹脂。矽膠（silicone，編註：此一英文名詞也常被翻譯為「聚矽氧」或「矽酮」）的品質會因為純化的程度而產生很大的差異。例如，製造電腦晶片時會使用高度純化的矽膠。

矽膠有多毒？

這是個很難回答的問題，而且還沒有明確的答案。它們是非常穩定的聚合物，能耐各種溫度和化學物質，所以我們認為它們是相對安全的。在我們店裡提供的一些產品（像是不鏽鋼或玻璃食物容器和瓶子）會含有矽膠封口或墊圈，好讓它們保持密封，不會漏水。在這一點上，我們還沒找到更好的耐用替代品，但如果沒有橡膠過敏的問題，或許可以使用安撫奶嘴和奶瓶奶嘴用的天然橡膠。

許多專家和有關當局認為矽膠是無毒的，而且可以安全地和食物及飲水接觸。比如說，加拿大衛生部表示：「矽膠廚具的使用目前並沒有已知的健康危害。矽橡膠（silicone rubber）

不會和食物或飲料產生反應，也不會產生任何有害的煙霧。」消費者辯護律師兼無毒生活專家黛博拉・琳恩・達德（Debra Lynn Dadd）雖然對矽膠採取警戒的態度，也持續評估新的研究，但她還是不願意放棄自己的矽膠廚具，因為她認為它比含有全氟化不沾塗層的替代品來得安全。

　　儘管研究已經肯定矽膠非常穩定，它們卻不是完全惰性且不會釋出化學物質，有些矽膠已經顯示出生物效應，像是會造成組織發炎。還有研究指出，矽膠可能會釋放化學物質。比如說，有一項研究測試了從矽膠奶嘴和烘焙用具釋放到牛奶、嬰兒配方奶、以及酒精及水的模擬溶液中的矽氧烷。發現在六小時後，沒有東西被釋放到牛奶或配方奶裡；但在七十二小時後，酒精溶液裡會偵測到幾種矽氧烷。一般認為矽氧烷可能會干擾內分泌，其中有些和癌症有關。由於矽氧烷被廣泛用於製造矽膠聚合物和家用產品，現在在陸地、空氣和水中的矽氧烷濃度都已達到可偵測的程度，而且因為它們很持久耐用，可能會在環境中持續存在很長一段時間。

　　結論是，矽膠方面的科學證據還很微弱，沒有決定性的證據，但是問題和不確定性就擺在那裡，所以應該密切注意這種材質——尤其是現在大家越來越關切那些會干擾內分泌的化學物質，因為只要有一個世代有極少量的暴露，就可能產生健康問題。

矽膠的可回收性

除了前文所述的健康議題，矽膠也會對環境產生威脅，因為它很少被回收。儘管有專門的回收公司在收集矽膠產品，但這些公司通常會把它降級回收，製成工業機器的潤滑劑，但公共路邊回收計畫卻不大願意接受矽膠產品。因此，它們就像塑膠一樣，不但只能被降級回收，而且大多數的矽膠最後只會進到垃圾掩埋場，經過幾百年也無法生物分解。

使用矽膠的幾個最後基本秘訣

基於我們的預防措施原則，當有更好的替代品時，我們傾向避免使用矽膠。也就是說，如果你確實決定要在生活中使用矽膠產品，以下是一些使用矽膠的秘訣：

● 矽膠的品質應該要高，理想上最好是「醫療等級」，至少也要是「食用等級」。品質越高，釋出化學物質的可能性越低。

● 你可以對矽膠產品中的化學填料做個測試，擠壓及扭轉矽膠產品的平面，看看是否有白色的部分透出來。如果你看到白色部分，這個產品就可能有用填料，因為純的矽膠完全不會改變顏色。如果有填料，產品就可能無法均勻抗熱，而且可能將氣味過到食物上。但最重要的是，你不知道那填料是什麼，而且它可能會把不知道是什麼的化學物質釋放到食物裡。就你所有的知識，這個填料可能是一種低品質的矽膠，或根本就不是矽膠。

- 奶瓶奶嘴和安撫奶嘴應該是安全的,但最好不要把它們放進洗碗機,而且如果它們變得混濁或磨損,就得換掉(理想上來說,應該每六到八週就換一次)。如果你的小孩不會對天然橡膠過敏,也可以選擇天然橡膠。

- 至於廚具,我們傾向完全避免使用矽膠。不管是烹調還是烘焙都是,市面上都有很棒的玻璃、陶瓷、和不鏽鋼選項。沒錯,比起鐵氟龍和可能含有全氟烷化學物質的類似不沾廚具,我們確實覺得矽膠是種比較安全的替代品,但是我們選擇只有在真的沒有其他選擇的時候才使用它。我們就是不喜歡在它和食物(往往是油膩的食物)直接接觸的時候暴露在如此極端的溫度下。

- 矽膠烤箱手套、餐廚用具(鏟子、湯匙)、濺灑護套和鍋架之類的東西應該沒問題,因為它們和食物接觸的時間很少。但再強調一次,可能的話,我們傾向避免讓它們直接接觸食物。如果讓矽膠湯匙浸在煨煮中的番茄辣醬裡、或是用矽膠鏟子在炙熱、油膩的淺鍋或正在燒烤的烤肉上翻動食物,我們會覺得相當不安。

| 「生物」塑膠是什麼?

寫這章的時候,我們看了一部在印尼峇里島製造生物塑膠袋的影片,製造商是一家名叫 Avani 的社會企業。該企業的創辦人拿起一個它們製造的淺綠色袋子,那是從可再生的樹薯根(一種亞洲和非洲的主食作物)做出來的,把這個袋子放在一杯溫水裡,

攪拌大約一分鐘，等到它溶解之後，就把它喝下去。這一幕太戲劇化了，讓人不禁納期待，是不是現在所有的傳統石化塑膠，有一天都會被「安全」可生物分解的生物塑膠取代。有趣的是，這部影片已經被從網路移除，再也找不到了，我們合理懷疑是 Avani 不想被看成在鼓勵人們把自己的袋子喝掉。而且我們也確實不想推薦人們在家用生物塑膠袋做同樣的嘗試。

生物塑膠是現有塑膠毒性和汙染問題的解方嗎？它們安全嗎？能成功取代傳統塑膠嗎？如果你認為使用具有相同特性且可完全生物分解的生物塑膠，就能馬上取代所有的傳統塑膠，這就有點過分簡化問題，也不正確，但事情確實正在發生變化。生物塑膠的世界既新穎又複雜，而且變化得很快。它們目前只佔全球塑膠生產量的約一・四％，這是用二〇一六年約四百六十萬噸（相當於四百二十萬公噸）生物塑膠和二〇一五年三億噸（相當於兩億七千兩百萬公噸）以上的傳統塑膠相比的結果。然而，目前預計這個數據在二〇二一年時會躍升超過五〇％，達到六百七十萬噸（相當於六百一十萬公噸），且部分專家預測，生物塑膠最終可能會取代目前九〇％的傳統石化塑膠。

我們認為生物塑膠會是一部分解方（核心解方是要整體避免塑膠的使用和需求），而且只有在某些情況下，我們才不會最後還是要面對與處理那些與傳統石化塑膠同樣的問題、甚至要面對更糟的問題。這是什麼意思？這樣說吧，有些生物塑膠

其實是用傳統石化的塑膠製成，有些其實無法生物分解也無法回收，有些含有許多有毒的化學添加劑。為了了解我們在這裡談論的議題，你必須先對生物塑膠有基本的了解。

生物塑膠到底是什麼？從廣義的定義來說，生物塑膠可以是以生物材料為基礎的塑膠、或是可生物分解的塑膠，或是同時展現這兩種特質的塑膠。這到底是什麼意思呢？別擔心，我們會解釋的。

讓我們先把一些和生物塑膠相關的術語弄清楚：關於你曾經在媒體上聽過、或是在產品標籤上看過的字眼：以生物材料為基礎、可生物分解、可分解、以及可用於堆肥。你可以把這些字眼想成是用來形容某些生物塑膠在其生命循環中不同階段、不同方面的用語，未必適用於所有的生物塑膠。

● 以生物材料為基底（Bio-based）：這個詞專注於產品的「生命開端」，也就是塑膠製程的源頭。以生物材料為基底的塑膠至少有一部分是來自可再生的天然材料，這些天然材料通常是植物性的生物質（像是玉米、小麥、馬鈴薯、大豆、木薯、椰子、樹薯、甘蔗、木頭和松針），但也包括更大膽的材料，比如蝦殼或昆蟲屍體。這些材料和傳統石化塑膠不同，後者一般是以不可再生的碳來源（像是石油、天然氣或煤）提煉出來的塑膠。重點：在生物塑膠中，碳來源是天然且可再生的。

- 可生物分解（Biodegradable）：這個詞指的是塑膠的「生命終點」，也就是說，當塑膠的使用壽命結束、被丟棄後的遭遇。一般認為，如果生物塑膠產品可以在天然環境中透過天然微生物（例如細菌、真菌及藻類）的作用完全分解，就是可生物分解。這些微小的微生物能夠吃生物塑膠的元素（主要是碳和氮）。請注意，要達到可生物分解的標準，塑膠並不需要在特定時間內分解，也不需要完全不產生有毒的殘渣。但是分解必須在合理的時間（大約一個生長季）內完成，不能只有部分，也不能是「最後」會分解。

- 可分解（Degradable）：這個詞的意思是，在特定的環境條件下，塑膠的化學結構會產生顯著的變化，最後失去某些特性。基本上，它是說塑膠能夠分解成比較小的碎片。你看得出來，拿這點作為產品行銷策略是沒有意義的，因為有很多，甚至是所有的塑膠都能夠分解成比較小的碎片。基於我們面對的是全球性的微塑膠問題，如果有問題的塑膠全部或是有部分是以石化燃料提煉出來的，讓塑膠更容易分解並不是什麼好事。其中還有一些詭詐的用詞：光分解塑膠（能夠被陽光分解）和水分解塑膠（能夠被水分解）。接著還有氧化式可降解（oxo-degradable）或氧化式可生物分解（oxo-biodegradable）塑膠，能夠因暴露在氧氣（亦即空氣）中而被分解，它們自成一個可疑的類別，下面我們會有更多說明。但請注意，傳統石化塑膠是可分解的，但不

可生物分解。生物塑膠是可分解的，它也「可能」可以生物分解。

● 可用於堆肥（Compostable）：這個詞指的也是生物塑膠的「生命終點」，特別是指它會不會在堆肥環境中進行生物分解。ASTM 國際標準組織（ASTM International，前身是美國材料和試驗協會 (American Society for Testing and Materials)）及國際標準化組織（International Organization for Standardization，ISO）這兩大主要國際標準制定單位將可用於堆肥的塑膠定義為「在堆肥期間因生物性過程分解，會產生二氧化碳、水、無機化合物及生物質，其速率與其他已知可用於堆肥的材料相同，且不會留下目視可辨別或有毒的殘渣」。以下補充幾個關鍵性的區隔：生物塑膠可能是可生物分解，但有可能不可用於堆肥。所有可用於堆肥的生物塑膠都是可生物分解的。重點：要可用於堆肥，塑膠必須完全分解成基本的天然物質，也不能留下任何有毒物質。

那麼，如果某個外帶容器上面標示「可用於堆肥」，我就可以把它丟進我家的堆肥機，期待它無害的營養素可以用來培養我家下一季新種的芝麻菜嗎？**未必**。目前的堆肥有兩個定義很廣的分類：一種是你家後院的家用堆肥機，另一種是大規模的工業堆肥設備。

商業用的工業堆肥設備會設定好熱度、通風和濕氣的等級，使需氧微生物分解堆肥的活性達到最大。根據大多數國際標準，

要讓塑膠能被稱為可用於堆肥的關鍵要件是，這種樹脂有六〇％能在一百八十天內生物分解。工業堆肥程序一般耗時十二週，溫度恆高於攝氏五十度。

家用堆肥的控制因素顯然比較少，分解物質所需的時間一般要長得多。但某些生物塑膠可以在家裡製成堆肥，而且一般認為，要大幅減少你家有機廢棄物，家用堆肥是最好的辦法之一。如果你能找到某個方式建立一個家用堆肥系統，它會成為你個人廢棄物減量的關鍵。

這兩種堆肥方法都被拿來和垃圾掩埋場做比較，後者是一種無氧環境。如果沒有氧氣暴露，在垃圾掩埋場中的生物塑膠（就這點而論，其實是幾乎所有的東西）就無法迅速分解。而那些在垃圾掩埋場中分解的生物塑膠，會釋出強大的溫室氣體甲烷，這是由分解這些材料的厭氧細菌所產生的。

這成了一個「支持」生物塑膠的關鍵因素：因為它們基本上是來自那些新形成、且可再生的資源，跟那些來自已有幾百萬年的碳的傳統石化塑膠相比，它們的碳足跡比較低。儘管生物塑膠的必要製程仍需要大量能源，但密西根州立大學的著名生物塑膠專家拉馬尼・納拉亞博士（Dr. Ramani Narayan）表示，只要這些以可再生之生物原料所製成的塑膠的碳足跡等同或優於那些石化塑膠，它們就仍然遙遙領先。

另一方面，「反對」生物塑膠的論點則在於，它的許多基礎原料目前主要來自高耗能、阻礙生物多樣性的連作作物玉米，有些玉米甚至是基改玉米。全世界最大的玉米生物塑膠製造商 Natureworks 表示，在該公司生物塑膠聚合物的製程中，已去除所有基因材料，也許如此，但基改業還是因此受到鼓舞。為了要行使基改專利、並以基改食物支配全球食物的供應，這個產業對小農可以是非常殘忍無情的，而且這些基改食物還可能對人體健康造成長期危害。

　　現在就來深入介紹基本的細節吧，這些都是生物塑膠業那些要把產品漂綠的關係人士不希望你知道的事實。

　　關鍵重點：許多生物塑膠都不是百分之百由天然物質製成的。要能被稱為生物塑膠，一般至少得有二〇％的成分是來自天然來源。那麼其他八〇％呢？這個問題問得太好了。許多生物塑膠都含有石化塑膠樹脂、以及許多合成添加物（像是填料、軟化劑和阻燃劑），**就像傳統塑膠一樣**。

　　稍早我們曾提過一種叫做氧化式可生物分解塑膠很可疑。這類塑膠是那些傳統石化塑膠（如聚乙烯、聚丙烯、聚苯乙烯、聚對苯二甲酸乙二酯，有時也包括聚氯乙烯）和所謂過渡金屬（transition metal，如鈷、錳和鐵）的組合，UV 光或熱會讓這類塑膠裂解。這些添加物會讓塑膠分解得更加快速。氧化式可生物分解塑膠是一種生物塑膠，而且會被產業拿出來宣傳，尤其是那個常常發言

的氧化式可生物分解塑膠協會（Oxo-Biodegradable Plastics Association），它說這類塑膠最終可以生物分解，然而，它們在自然環境中究竟會不會在所說的時間範圍內完全分解，業內專家及核心生物塑膠產業多所質疑，故與氧化式可生物分解塑膠產業保持一定的距離。氧化式可生物分解塑膠常常被當作一種能快速解決問題的方法，而推銷到廢棄物管理基礎設施極少的國家，但它們卻會殘存在環境中，造成嚴重的塑膠汙染。

以下有個例子，能說明氧化式可生物分解塑膠的問題。二〇〇八年，Discover 開始提供可生物分解的信用卡，這是用一種特殊形式的 PVC 製成的。你可以回想一下我們稍早關於常見塑膠種類的說明，PVC 被視為現存毒性最高的消費性塑膠之一，但大多數的信用卡仍是用它製造的。這種特殊的「BioPVC」在製程中使用了一種添加劑（配方是商業機密），讓卡片可以輕易被微生物分解。Discover 聲稱，當卡片暴露在垃圾掩埋場的條件下，這種 BioPVC 能讓九九％的卡片塑膠安全地被吸收掉。卡片塑膠會開始在土壤、水、堆肥或任何一個有微生物存在的地方進行分解，在五年內完全分解。

業內專家對於這種 PVC 會天然無害分解的說法感到非常可疑，甚至認為這是「滿口胡說八道」。我們先前見過一位專家——納拉亞博士（Dr.Narayan），他對這個說法進行測試，結果發現，在分解程序進入高原期之前，這些微生物只能將卡片消耗掉大約一三％。

「無法漂綠」的真相：這種被當做「可生物分解」塑膠來行銷的「BioPVC」仍然是那個以石油為基礎的毒性 PVC 塑膠，只是和其他塑膠添加劑混在一起，吸引了微生物，加快了分解速度。由於它分解的速度比較快（雖然這一點也顯然令人存疑），可能就這麼符合了廣義的生物塑膠定義，但它絕對不是生物基礎的材料，不可用於堆肥，也不合乎環保。它仍然是一種以傳統石化塑膠為基底的毒性塑膠。而且事實上，它的殺傷力可能比一般 PVC 更大，因為它的分解速度較快，這讓它更快變成會被野生動物吃下肚的小碎片。

聽完這一切之後，你開始頭暈了嗎？生物塑膠是個相當複雜的領域，但有了這樣的知識，你就能夠看穿目前在市場上十分猖獗的漂綠手法。

這個進展快速且不透明的領域十分複雜，搞出了一個不折不扣的生物塑膠遊樂場，還冠上「可生物分解」之名，但事實上它們有部分是以合成性石油成分製造而成，其實可能不會快速生物分解、甚至完全不會生物分解。

以下是近年來在消費性產品中幾種最常見的生物塑膠：

● 聚乳酸或聚丙交酯（polylactic acid 或 polylactide，簡稱 PLA）是一種利用乳酸、玉米或蔗糖發酵產品製成的生物性塑膠（尤其是生物聚酯）。它可能有部分是以基改玉米

製成的。目前來說，PLA 仍是最常用的生物塑膠。大多數 PLA 的消費性產品都是用 Ingeo 製成，這是一種由 Natureworks 公司製造，有品牌的 PLA。用 Ingeo 製成的 PLA 產品可包括衣服、瓶子、禮物卡和信用卡、袋子、食物包裝、布料、枕頭棉被中的充填纖維、尿布、抹布和拋棄式碗盤。Ingeo PLA 有多個第三方認證組織認證，可以在工業堆肥裝置中用於堆肥。它在家用堆肥機或海洋環境中是不可生物分解的。

- Mater-Bi 是另一種常見有品牌的糖樹脂，且有部分是生物性材料。它是由義大利的 Novamont 公司利用各種來源的澱粉製成，而且含有蔬菜成分（如纖維素、甘油和天然填料），但它也含有來自石化燃料的可生物分解原料。Mater-Bi 經過多重認證，可在工業和家用裝置中用於堆肥，而且 Novamont 公司聲稱，它並非以基改原料製成。至於消費性產品，Mater-Bi 主要被用來製造底片、包包和餐具。

- 甘蔗或高粱（蔗渣）、小麥、菖蒲、竹子、紙莎草、棕櫚和木頭之類的天然纖維。這些纖維的產品並不是生物塑膠，我們在生物塑膠的章節提到它們，是因為它們會先被製成漿，再塑型，製成可用於堆肥的食物容器。現在甚至出現了使用棕櫚葉和香蕉葉做的盤子，它們顯然並非生物塑膠，但這告訴我們，天然纖維如何被拿來取代塑膠。木頭纖維日漸受到矚目，這是以美國的 Pulpworks 和丹麥的 ecoXpac 為首，使用這類產品取代

塑膠泡殼包裝。EcoXpac 已和 Carlsberg 合作，製造出第一支纖維啤酒瓶。紐約的 Ecovative 也研發出可用於家用堆肥的 Mushroom 包裝，用來替代保麗龍。

如何得知生化塑膠產品
是否可生物分解或可用於堆肥？

既然像這樣是否真正「可生物分解」的灰色區域的確是存在的，要了解你正考慮的某種產品是否真的可生物分解，最好的方法就是檢查一下，它是不是有可生物分解或可用於堆肥的認證標籤。

目前已有好幾種重要的第三方生物塑膠認證，這些認證是根據是經過控制的試驗發出的，而這些試驗是根據由 ISO 和 ASTM 設立且受到國際認可的標準來進行。比如說，ASTM D6400 是決定塑膠是否能在政府或工業設施中用於堆肥的重要標準。以下簡單說明在北美地區最可能遇到的認證，但是世界各地還有很多其他的認證系統。

生物分解產品協會（Biodegradable Products Institute，BPI）對可用於堆肥這項性質提供的認證，可能是北美地區最常見的相關認證，符合這個認證的產品會使用右頁上排左邊那個標章（**請注意這並不代表該物品可以在家用堆肥機分解，只適用工業級設施**）。右下角有個獨特的認證號碼，讓你能夠辨識出經認可產品的製造商或經銷商。BPI 網站（ ⊕ www.bpiworld.org ）提供了一個很棒的資料庫，列出了目前市面上三千三百種以上的可用於堆肥的產品。

如果你沒看到標籤，或只是想搜尋更多產品是否可生物分解或是否可用於堆肥的資訊，這會是入門的好地方。

在加拿大，堆肥袋的「可用於堆肥」認證（上排中間那個）要依照魁北克標準化辦公室（Bureau de Normalisation du Québec，BNQ）和加拿大標準委員會（Standard Council）制定的規範走，相關規範是針對下列各項制定：分解和生物分解的速度、金屬含量、以及對所產生之堆肥促進植物生長的能力不具負面影響。這個認證表示在工業堆肥設施裡中可用於堆肥，不包括家用堆肥機的情況。

有好幾種認證是從歐洲來的，但有好好地建立起來，現在在全世界都獲得認可。歐洲生物塑膠協會（European Bioplastics）的「Seedling」標章（上排右邊那個）是一項工業可用於堆肥能力的認證，不是家用堆肥機的認證。

Seedling 的可用於堆肥能力認證是由兩個不同的歐洲組織（來自比利時 Vincotte 的和來自德國的 DIN CERTCO）負責管理，他們也提供他們自己的特殊認證。

Vinçotte（www.okcompost.
be/en/）有獨特的 OK 標章，
為生物基礎材料、可用於堆肥
的能力及可生物分解性提供了
一系列認證：

- 生物基礎材料：請看上排左邊的標章：星星的數量代表生物基礎材料的比例（一顆星為二〇％到四〇％，兩顆星為四〇％到六〇％，三顆星為六〇％到八〇％，四顆星為八〇％以上）。

- 可用於堆肥的能力：上排右邊的標章代表該項產品在工業設備中是可用於堆肥的。另外有一個標章包含「家」這個字，是用來表示該產品可在家用堆肥系統中完全生物分解。

- 可生物分解性：Vinçotte 提供了一系列特殊認證，用來表示在各種媒介中的可生物可分解性

- OK 可生物分解土壤：保證該產品可在土壤中完全生物分解，而不會對環境有負面影響。

- OK 可生物分解水：保證該產品可在天然淡水環境中完全生物分解。

- OK 可生物分解海洋：二一〇五年啟用的新標章，這項認證保證該產品可在海洋環境（如鹽水的海、洋）中完全生物分解。由於海洋塑膠汙染近年來越來越嚴重，這是一項特別重要的發展。在我們寫做本文時，這是我們所知唯一這類海洋可生物分解性的認證。

德國的 DIN CERTCO（www.dincertco. de/en/）提供了一些特殊認證，性質類似，也是針對生物性材料、可用於堆肥能力及可生物分解性的認證。

在 DIN CERTCO 獨有的認證中，有一個是用於含有對堆肥過程無害之添加劑的產品。這讓那些生物塑膠製造商能夠告訴大家，他們的塑膠適合用於堆肥，因為裡面的添加物是可完全生物分解的。這包括了印表機墨水、顏料、染料、黏著劑、塗層和加工助劑等添加物。

生物塑膠的關鍵重點：它們「不是」塑膠汙染和毒性問題的解決方案。它們可能會扮演某個角色，但考慮到它們本身混合的特性、而且大多數都含有化學添加劑，絕不能光靠它們解決問題，還是要一起努力、從源頭降低所有塑膠（無論是石化燃料或生物性的塑膠）的使用。

處理生物塑膠的基本秘訣終極版

- 要小心包含這些字眼的說明：「天然」、「生物性」、「植物性」、「可生物分解」及「可用於堆肥」。要求製造商提供證據來支持他們所說的話。
- 避免氧化式可生物分解的產品，它們是傳統石化塑膠，只是透過化學改質，能夠更快分解成小碎片
- 試著找出這個產品到底是用哪種生物塑膠製成的，如果

它不屬於我們在前文提過的類別,試著找出更多資料,你可以聯絡製造商,詢問它是否是生物基礎材料(如果是,使用比例是多少?)是否是完全可生物分解,是否可以用於堆肥(如果是,適用工業堆肥還是家用堆肥機?)詢問製造商這些樹脂混入了哪些添加劑來製成最後的產品(例如,填充料、阻燃劑、軟化劑和顏料)。

● 尋找第三方認證標誌,來看看這項產品是否確實為生物基礎材料、可生物分解並可用於堆肥(如果可用於堆肥,是只適用工業堆肥系統,還是家用堆肥機也適用,或是適用淡水或海水環境)。

● 就算某項產品是用你知道經認證可用於堆肥的生物塑膠樹脂製成,也要記得確認,最終產品上是否有認證標籤。有時候,核心塑膠可能是可用於堆肥,但在製成最終產品的加工過程中,卻可能加入一些添加劑,讓最終產品無法完全生物分解,或讓它無法用於堆肥。

● 確認在地公共機關在回收或堆肥時是否接受生物塑膠,如果可以,他們接受哪一種生物塑膠,又接受哪一類產品。如果在地公共機關不接受生物塑膠,你可以利用 Biocyle 的線上資料庫(🌐 www.findacomposter.com)找到離你最近的設施,這個資料庫是針對美國和加拿大的堆肥、厭氧消化、及有機物收集服務所建立的。然而,請注意,有機堆肥服務很可能不接受生物塑膠。

● 永續生物材料協作(Sustainable Biomaterials Collaborative, 🌐 www. sustainablebiomaterials.org/)是個很有用的資源網

站，提供了各種生物塑膠的資訊。

● 最重要的是：試著避免使用所有拋棄式用品、但如果你
真的必須得使用，試著去找那些生物基礎材料、可用於
家用堆肥、使用了生物可分解添加劑的用品吧。

| 回收迷思

我們正在寫的回收迷思是一隻巨大的怪獸，當那些以不塑
星球為職志的行動主義者試著幫助人們了解降低個人塑膠消耗
量的重要性時，幾乎時時都要面對這隻怪獸。這是因為塑膠產
業在一九八〇年代初期想出了一個聰明策略，在最常使用的塑
膠產品上打上回收標誌，因此，大多數的消費者都認為他們所
消耗的大量塑膠是可以回收的，而且會透過在地的路旁回收計
畫被確實地回收。事實上，回收箱裡的東西只有很少一部分會
被回收。

早在參與不塑生活的消費貿易展時，我們就發現這個迷思
有多根深蒂固。人們會過來和我們說這樣的話：「但是塑膠到
底有什麼問題？我用過的塑膠幾乎都拿去回收了啊。」我們的
回答是，很不幸地，大多數塑膠都沒有被回收。事實上，在
美國於二〇一四年丟棄的塑膠當中，只有九・四％有被回收
（三千三百三十萬噸中的三百一十二萬噸）（相當於三千零二
萬公噸中的兩百八十三萬公噸），降級回收也列入計算；也就
是說，塑膠一般只能被重製為價值較低的產品。針對我們的塑

膠問題，解決方法並不是要回收更多，而是要消耗更少。

　　如果你正在購買含有塑膠包裝的產品，了解哪種包裝材料最可能被回收是很重要的，這樣才能做出了解情況、且有利於回收的購物決定。了解複雜、昂貴且耗能的回收流程也會有幫助（希望可以做為將塑膠消耗量降到最小的誘因）。你們把只用一次的拋棄式塑膠水瓶丟進自家回收箱之後，到底發生了什麼事呢？

　　你可以從這個過程看出，紙張和硬紙板、鋼鐵、鋁和玻璃是最可能被回收的品項。即使是一小張的鋁箔紙，也值得丟進回收箱，因為它會透過利用電流電荷的機械流程被撿起來。透過分類程序，紙張、金屬和玻璃不但比較可能被撿起來回收，這些材料還可以被製成新的回收產品，幾乎就像原來的材料一樣，而且這些材料的回收可能持續循環，不會走到盡頭。

　　另一方面，塑膠只能被降級回收，做成品質較差或功能較少的產品。比如說，食物包裝無法再重製成食物包裝，它會以某種無法和食物接觸的產品形式回歸。這些塑膠樹脂在塑膠製造流程和回收循環中移動，以相對迅速的速度變成無法回收的物品，最後被丟進垃圾掩埋場，成為可存在數百年之久的塑膠化石。食物包裝會持續需要未經使用的塑膠，所以會持續製造出更多的塑膠。相對而言，玻璃或金屬可能被無限次地回收，塑膠不會形成一個從搖籃到搖籃（cradle-to-cradle）的封閉（closed-loop）循環。

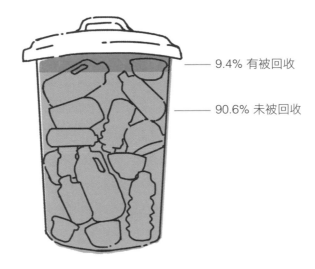

美國產生的塑膠廢棄物（二〇一四年）

你應該要向居住地當地的公共機關詢問，該地的路旁回收
計畫中可以接受哪些品項。

下列材料類別一般是不可被回收的，購物時應該盡可能避
開它們：

- 塑膠袋
- 無菌包裝（如利樂包），一般是用好幾層不同的材料製
  成，像是塑膠、鋁和硬紙板
- 泡殼包裝和保麗龍包裝
- 生物塑膠（雖然它們可能可以用家用或工業堆肥裝置做
  成堆肥）

以下簡單説明，一般回收分類站如何選擇它認為值得回收的材料：

可回收物品被丟到分類站集合成堆。之後由裝運機把材料移到輸送帶上。

利用轉盤把硬紙板從回收物堆中分離出來，較小的物品則會通過並繼續往下走。

硬紙板

工人會接著移除垃圾、過大的產品和塑膠袋，因為它們會阻塞系統。

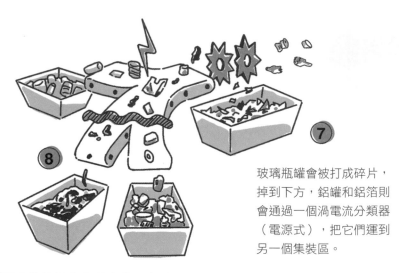

玻璃瓶罐會被打成碎片，掉到下方，鋁罐和鋁箔則會通過一個渦電流分類器（電源式），把它們運到另一個集裝區。

剩下成堆的回收物是由塑膠和垃圾碎片組成，它們會通過 TiTech PolySort，這個裝置會用紫外線掃描每個物品的組成，並根據樹脂類型分類出目標塑膠碎片。

接下來，成堆的回收物會被送上另一條輸送帶，工人會接著移除剩下的垃圾，或他找到的硬紙板碎片。

用篩子分出紙張（平面物品），其餘部分則會通過並繼續往下走。

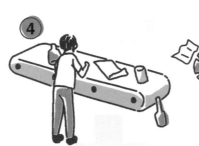

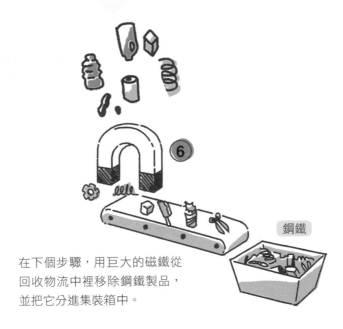

鋼鐵

在下個步驟，用巨大的磁鐵從回收物流中裡移除鋼鐵製品，並把它分進集裝箱中。

塑膠類型	如何辨認	再生能力
聚對苯二甲酸乙二酯，簡稱 PETE 或 PET	用來裝汽水和水的透明塑膠瓶，塑膠食物罐和調料瓶，聚酯纖維。	好
高密度聚乙烯，簡稱 HDPE	不透明的牛奶瓶，裝油和醋的瓶子，冰淇淋容器，洗髮精、盥洗用品及清潔用品的瓶子，一些塑膠袋。	好
聚氯乙烯，簡稱 V 或 PVC	保鮮膜，擠壓軟瓶，軟質玩具，浴簾，血袋，尿布兜。	低
低密度聚乙烯，簡稱 LDPE	塑膠袋，保鮮膜，彈性容器，牛奶紙盒的塗層，嬰兒奶瓶，冷凍食物袋。	低
聚丙烯，簡稱 PP	嬰兒奶瓶，優格、人造奶油、和熟食的容器，玩具，可重複使用的食物容器。	好
聚苯乙烯，簡稱 PS	免洗塑膠餐具，咖啡杯蓋，食物容器，包裝好的花生，蛋的容器。	極低
其他，簡稱 O	包羅萬象的類別。包括以雙酚 A（BPA）、生物塑膠及其他塑膠樹脂（如三聚氰胺）製成的產品。	極低

- 不含回收箭頭標誌的塑膠
- 用多種不同塑膠組合製成的塑膠品，比如含有許多不同零件的塑膠玩具
- 含有回收標誌 3 號、4 號、6 號和 7 號的塑膠

　　簡單來說，只有 1 號塑膠（PETE 或 PET）、2 號塑膠（HDPE）和 5 號塑膠（PP）是適合回收的材料。我們已經在前面的章節透過表格說明了各種不同類型的塑膠的回收標誌、和辨別它們的方法。

　　在購物時考慮最可能被回收的材料是很重要的。不幸的是，雜貨產品的塑膠包裝日益增加，而非逐漸減少。產品包裝的材料從那些容易回收的包材（如玻璃罐）逐漸被換成無法回收的材料（如有塑膠內襯的利樂包）。這類塑膠包裝能幫製造商省錢，顧客不會因此客訴，還會覺得它們很方便，於是乎它們就此成了常態。比如說，在雜貨店裡，因為方便及省時的因素，顧客往往會購買預先用塑膠包裝好的加工產品。我們都很忙，想要用方便的方式來節省時間是很正常的。幸運的是，如果要購買有包裝的產品，塑膠並不是唯一方便的方式。

　　比如說，那些為了特殊場合買蛋糕的人可能沒有發現，地球上其實有好幾個衝擊程度不等的做法。就準備和規劃來說，最方便的做法似乎是去買那些預先做好、裝在透明盒子裡蛋糕，但其他更永續的做法卻幾乎一樣方便。你可以要求店家用

華麗的硬紙盒來裝蛋糕，這種盒子可用於堆肥、也可以回收（如果沒有弄髒的話）。另一個做法是帶你自己的蛋糕盒，完全省略包裝。

重點在於，我們可以有很多種做法，了解哪種包裝對環境造成的傷害比較小，可以讓你的購物行為對環境負責、甚至達到更高效率。

為了讓那些被你放進回收箱的東西獲得更多確實被回收的機會，我們提供下列清單，告訴你可以採取哪些幾個步驟來做準備。這些步驟只需要花你一點點時間，卻會產生很大的差別。

如何選擇及準備你家的回收物

- 跟當地的公共機關確認哪種材料可以回收，把清單印出來，放在你的回收桶旁邊。
- 沖洗所有可回收的物品。分類工人會很感謝你。
- 將蓋子和瓶子分開，因為它們通常是用不同種類的塑膠製成的。
- 去除金屬罐上的紙。
- 把那些已經弄髒的硬紙板或紙類（像是披薩盒）用來當做引火紙（如果你有壁爐或燒木柴的爐子的話），不要丟進回收箱：它們不大可能會被回收。
- 除非你非常了解你住的地方有回收塑膠袋，否則不要把它們放到回收箱，因為它們會卡在分類站的輸送帶上。

- 如果可以接受塑膠袋作為可回收物品，就把它們收集在一起，全部塞進一個袋子裡，打個結，緊緊綁起來。
- 不要在塑膠袋裡放很多種可回收物品。
- 把硬紙箱弄平。

把塑膠包裝真正的成本轉嫁出去

經營回收計畫是很貴的，多數產品製造商都不會花這個錢。這表示，丟棄或回收塑膠包裝的成本會被轉嫁出去，最後由所有消費者透過繳給政府的稅金來買單，包括那些勇於努力限制自己塑膠產品和包裝消耗量的人。

我們需要當地及國家政府投入有創意的誘因，來鼓勵更多永續包裝投入實作，比如：

1. 重複利用這些包裝，而非自動拿去回收（托運系統）。

2. 進行包裝革命，目標是要找出更永續、植物性、可用於堆肥、且無添加劑的包裝。

3. 針對塑膠製品的回收給出鼓勵措施，比如：現金。

德國站在創意包裝廢棄管理的最前線已有三十年以上的時間。

一九九三年，德國政府通過一項包裝法令，要求製造商負責收回自家產品的包裝。這項法令涵蓋了玻璃、鋁和塑膠飲料容器。這些容器有一筆可退還的押金，對走「單一方向」的塑

膠瓶來說，這筆押金高達二十五歐元（相當於二十九美元），這是個相當慷慨的鼓勵措施。執行這項計畫之後，PET瓶（1號塑膠）在二〇一一年的回收率是九八・五%。

在那之後，德國的弗萊堡（Freiburg）市提出了一項創新計畫，用來處理那些不可回收的免洗咖啡杯製造出來的廢棄物。外帶杯一般來說是不能被回收的，因為杯身的紙與聚乙烯融合在一起，好讓它可以防水。結果產生的材料無法在回收裝置中輕易分類。在弗萊堡，麵包店、咖啡店和餐廳之類的咖啡零售店會購入可重複使用的杯子，用這些杯子供應咖啡給他們的顧客，而非使用免洗杯。顧客會先付一歐元的杯子押金，等他們將杯子還給參與這項計畫的店家，就可以拿回押金。所以你可以在爪哇屋（java hut）裡外帶一杯咖啡，用可重複使用的馬克杯盛裝，漫步到小鎮的另一頭，在另一間店把杯子還回去。這些店家會清洗這些杯子，並能無限次地重複使用。這是個好例子，說明社群只要付出簡單的努力，就能解決嚴重的廢棄物問題。

塑膠回收的缺點

二〇一七年二月，「東西的故事」（The Story of Stuff）這個非營利組織發起了一項反對微細纖維的活動，並發佈一部短片，說明了一些跟微細塑膠纖維有關的重大議題。這部影片說明，有些公司利用回收水瓶做新衣服是很酷，但這其實會製造兩大問題：❶ 這會鼓勵消費者使用更多塑膠瓶，因為他們認為這些水瓶會被回收做成有用的東西。❷ 這些用回收塑膠瓶製成的衣服每次

清洗的時候，會釋出幾百條幾千條的微細纖維。這些微細纖維非常細小，無法被公共廢水處理廠捕捉，最後會進到我們的水域中。接著它們會和有毒物質及烈性化學物質結合在一起，之後在食物鏈中向上累積，先被小魚吃掉、再被大魚吃掉、最後被人類吃掉。根據估計，我們的海洋目前含有多達一百四十萬兆根微細纖維，相當於地球上每人兩億根微細纖維。

回收並重複使用其他產品

確實有一些特殊計畫是用來回收或重複使用某些特定的產品。比如說，在第五章的運動與健身房以及戶外活動章節，我們討論了幾種可以回收並重複使用慢跑鞋的方法——慢跑鞋其實是很難處理的東西。

跟其他組織相比，有個組織並不突出，它是藉由鼓勵創意的方式，替那些註定只會被送入垃圾掩埋場的物品尋找回收及重複使用的方法，那就是「Terra Cycle」（⊕ www.terracycle. com)。它們的目標是要回收那些「不可回收的物品」。它們的零廢棄箱計畫只讓個人、企業和社群團體（任何人或任何組織）收集那些難以回收的廢棄物，並且要確定這些東西實際上有被回收或重複使用。你可以在線上訂購箱子，用它裝滿很難回收的東西。價格包含了將東西寄還的運費，以及將廢棄物重新賦予用途的費用。選項包括運動用球類（包含網球，這讓熱愛網球的香朵很開心）、鞋子和穿在腳上的東西、瓶蓋、糖果

包裝紙和嬰兒食物袋。在我們寫下這一段文字的時候，已有八十一個計畫正在進行。如果你實在無法放棄某項活動，但廢棄物又讓你覺得很糟糕，至少你可以去拿一兩個這樣的箱子，來確保回收或重複使用，並鼓勵你的「犯罪搭檔」捐獻成本！

▍生物塑膠

我們在下表中列出了一些主要替代品，這是我們在尋找能夠替代那些通常用塑膠製成的產品時，時常注意到的東西。針對每種替代品，我們會告訴你一些它的用法，還有一些關於為什麼我們覺得值得用它來代替塑膠的理由——請注意有些材料來自動物。在所有情況下，當然應該要注重在不傷害動物的前提下取得這些材料，或者這些材料至少是另一項活動的副產品，比如動物身體的一部分，如果不使用就會被丟棄。

塑膠的替代品	價值說明
鑄鐵	最著名的鑄鐵就是那些沉重耐用的黑色煎鍋，通常可以傳承好幾代。鑄鐵是鐵的合金，主要還含有矽和碳。它可以加熱到高溫，並長時間保持熱度。表面需要用油養鍋（seasoning），這可以防止生鏽，並產生有效的不沾表面。它會將鐵釋放到食物中，這是身體所需，但也可能對幼兒（六歲以下）或那些對鐵過敏或有相關疾病的人造成毒性，對貧血的人來說，它實際上可以幫你降低缺鐵的狀況。

塑膠的替代品	價值說明
玻璃	玻璃是我們的最愛。它是惰性材料、不會釋出、不會吸收氣味或香味，容易清洗且製造價格公道。它的原料來源豐富且大多是天然的，而且百分之百可回收。它的問題在於易碎、笨重，且在製造及運輸的過程有點耗能，但當你將這些問題與塑膠的缺點平衡過後，我們認為，玻璃在許多用途上實在好太多了。它們是用原始矽石做的，最常見的兩種消費性玻璃是鈉鈣玻璃（soda lime glass）和硼矽玻璃（borosilicate），後者會比較耐久防震。你一定會想避免含鉛的玻璃，它在古董中很常見。可能是很耀眼奪目，但卻可能會釋出毒害神經的鉛。
陶瓷	我們對陶瓷的看法與玻璃相似。喜歡它和它優雅的惰性本質，可作為陶器、瓷器、地磚和雕塑中塑料的良好替代品。對於陶瓷，鉛也會是一個問題：這不是來自陶瓷本身，而是那些施用於陶瓷上的釉料可能含有鉛或鎘。北美和歐洲製造的陶瓷被作為餐具使用時，可能不用考慮和食品接觸的問題，但值得進一步檢查確認。
不鏽鋼	我們的核心主要產品之一：堅固、不鏽、相對輕質且安全的塑料替代品。它可用於無數日常活動：食物容器、水瓶、碗盤、刀叉、刮鬍刀、筆、吸管、煮水壺和煎鍋。它最常見的消費形式（有數百種不同等級）的組成是：主要是鐵（約70%）和鉻（約18%）的合金或混合物，加入鎳（8%-10%）以進一步改善耐鏽蝕性和極端溫度下的耐久性。18-8 或 18-10 不鏽鋼的說法就是這樣來的。這兩種不鏽剛都屬於 304 等級，這是一種可與大多數食品接觸應用的高品質不鏽鋼。它有個可愛的特點，如果刮傷，它會自我修復，這就是它不會生鏽的原因。有些人可能對鎳過敏，如果是這種情況，最好避免使用鎳。不鏽鋼 100% 可回收，所以應該永遠不會進入垃圾掩埋場！

塑膠的替代品	價值說明
鋁	鋁是一種廣泛使用的輕質金屬，應用範圍從食品包裝和除臭劑、到飛機，火車和汽車都有。它不是我們替代品的首選，我們提到它是因為它在日常生活中很常見，而且需要謹慎以對。大多數金屬飲料罐都是鋁做的，通常在其內部會有塗覆有塑膠層，通常為 BPA。塗層是必要的，因為鋁會與食品和飲料發生反應：沒有塗層，可能會發生腐蝕現象。許多研究人員認為鋁對人類和動物的中樞神經系統具有高度毒性，而且神經毒素可能與失智症的發展有關。使用鋁箔時要記住：盡量避免接觸食物。
銅	這種基本元素的常見用途包括炊具、裝飾盤、布線、管線、屋頂、殺真菌劑和殺蟲劑的添加物，固定裝置（床欄杆，浴室設備）用的抗菌劑、以及木材、皮革和織物用的防腐劑。是的，身體需要這種元素，但不是從你的炊具來的，它可以用酸性食物大量浸出（銅炊具通常會有另一層金屬，如不銹鋼）。有銅水管？我們認為這比塑料好。但是如果你有軟水（偏酸性），要每天沖洗管道來避免銅的堆積。銅是 100％可回收的——它永遠不會被丟掉。
錫 （白鑞、青銅、黃銅）	現在已不常在食品應用中使用純錫了。不過在古代，白鑞製的餐具很常見（85％至 99％的錫，其他不同的金屬如銅、銻、鉛、鉍）。另外你也會在青銅（銅占 80％到 90％）和黃銅（主要是銅和鋅）裡找到一些錫。目前來說，一般消費者使用這些金屬時，一般是用於裝飾，而不是作為食品和飲料的實際用途的餐具。你可能有聽說過那些可能用來裝餅乾或糖果的容器叫做「錫盒」。這些裝飾得很漂亮的「餅乾錫盒」通常由帶有薄錫塗層的鋼製成，常用於裝飾或盛裝乾燥食品。

塑膠的替代品	價值說明
鈦	堅韌的鈦越來越受歡迎。原因如下：它可以非常堅固（特別是在某些合金中），即使在含鹽的海水中也能耐腐蝕，而且它的重量很輕。你可能已經猜到，這些品質讓它成為探險家、冒險家、背包客和運動員的最愛。它還耐酸和氯，常用於醫療應用，如義肢和整形外科植入物。一般認為它對食物和飲料是安全的。這些特性都要付出代價：它的價格相當昂貴，幾乎是高質量不銹鋼成本的兩倍。
有機棉	有機棉讓我們微笑：它柔軟、透氣又耐用，從衣服到尿布、床單、午餐袋到毛巾，各種物品都適用。為什麼要有機？因為傳統棉花作物通常被殺蟲劑和化學肥料浸透了，不然就是基改棉，這些棉花植物自己就會針對某些昆蟲產生特異的殺蟲劑。
嫘縈	嫘縈是由纖維素製成的半合成聚合物的通稱，這些纖維素可能來自幾乎任何植物或樹木。問題是，要將這些纖維素漿纖維分解成可用於衣服的材料，需要使用很強的化學溶劑。常見的黏液嫘縈（viscose rayon）通常是用有毒的二硫化碳處理過的木漿製成，之後再做成織物。有一種毒性更低的嫘縈：天絲（Lyocell，品牌名稱為 Tencel），它是採用閉環生產方法製造，使用較少的化學藥劑，可以應用於任何形式的纖維素。
竹子	竹子是一種快速生長的植物，其實是一種草類。某些種類的竹子可以在 24 小時內長到 3 英尺（1公尺），這使它成為一種永續的產品。竹子具有很高的壓縮強度，幾乎和鋼一樣堅固。只要沒有塗漆，它就會是絕佳的塑膠替代品，對於大多數應用來說，其實也沒有上漆的必要。要小心那些沒有「天絲」標示的竹纖服裝，因為它可能被有毒化學品浸透了（詳情請參閱後面與的「嫘縈」有關的章節）。

塑膠的替代品	價值說明
羊毛（羊駝毛、兔毛、喀什米爾羊絨、美麗諾羊毛、毛海）	羊毛具有防水、天然抗真菌和抗菌的優越特性。它是一種絕妙的絕緣材料，即使濕了也可以保持熱度。冬天穿著濕羊毛襪和濕棉襪，比一比就知道了。我們將在「服裝」的章節詳細介紹羊毛。
麻	麻是一種強韌的天然纖維，生長所需的水比其他傳統作物要少得多，而且也不需要使用殺蟲劑。它的種子和花可用於食品和身體護理，纖維和莖可用於服裝、建築材料甚至紙張。麻和大麻同為大麻屬，但仍非同一種植物，因此麻不具有影響精神行為的效果。
絲	光滑時尚的絲可作為塑膠織品的的替代品，而且既亮麗又奢華。它通常來自柞蠶（Bombyx mori）幼蟲的繭，這些幼蟲會產生細長的纖維線來造繭。絲是常見的服裝材料，但也用於地毯、床單、降落傘、手術縫線和牙線。 還有另一種稱為「和平絲」的野絲，取絲時不需要把蠶殺死。
木材	當您將塑膠玩具與木製玩具放在一起比較時，木料舒緩的生命能量與合成塑料的空洞化學性質會形成鮮明的對比。木材是一種天然的有機碳基材料，是一種結實的纖維網狀結構，由固定在木質素聚合物這種堅硬基質中的纖維素纖維形成。於是有了堅固的纖維性材質。地板、建築、圍欄、家具、刀叉、碗盤、玩具、工具——它的應用是無止境的。我們對木材的主要關注是它是否有經過處理，以及它是經過什麼樣的處理——可能是為了要讓它不受氣候變化、蟲蛀或腐爛影響，或是要讓它保持原有的外觀。我們選擇那些做了非化學處理（如亞麻籽油或蜂蠟處理）的木材，尤其是要與食品接觸的產品，如砧板、牙刷和刀叉等。
皮革	皮革用於製作各種商品，包括服裝、書的裝幀和家具表面。它通常由牛皮製成，需要鞣製以適合商業應用。我們將在服裝有關的章節詳細介紹皮革。

塑膠的替代品	價值說明
軟木	軟木是一種在美學上很吸引人的天然材料，同時具備強大的特性：不滲透、浮力、彈性、阻燃。大多數商業用軟木都來自西班牙栓皮櫟（Quercus suber）的樹皮，這種樹主要產於歐洲西南部和非洲西北部。從樹上剝下樹皮就可持續收成，通常是以九到十二年為一個循環，這樣可以讓樹木持續存活並生長，而且可以讓它們存活長達 300 年。除了瓶塞和杯墊以外，它也越來越常被當作永續的地板材料替代品，並越來越常見於消費性產品，從袋子到珠寶都有。
天然橡膠	在前面針對常見塑膠的概覽中，已詳細地討論過這種材料。橡膠並不是塑膠，但因為它看起來、摸起來跟表現狀態都像塑膠，而且是一種合成形式的材質，我們認為最好是把它和整個橡膠家族放在一起討論。我們認為：對於像床墊、玩具、安撫奶嘴和奶瓶奶嘴之類的產品，它是很棒的替代品，只要你不會對橡膠過敏就可以使用（在製造天然橡膠產品的過程中，確實有可能可以移除這些造成過敏的蛋白質）。
植物纖維：白棕絲、椰纖、扇椰纖維	白棕絲（tampico fiber）來自一種龍舌蘭屬植物（agave），這種纖維能保持形狀，且耐高溫，非常適合製造清潔刷。椰纖可以長到一英呎（30公分）長，而且可以作為掃帚和刷子的刷毛。扇椰纖維（palmyra fiber）可與其他纖維混合使用，製造拖把和清潔刷。
動物毛：豬、馬及貛	豬鬃毛可取自多種長毛豬。它們的毛根比毛尖來得厚、硬，可以被用來製造硬刷或軟刷。對天然刷具製造商來說，來自馬尾和馬鬃上的毛應用很廣，尤其可用於製作掃把和手刷。貛毛通常被用來製造刮鬍刷，因為它有圓形的毛尖，不會刺激臉部肌膚。不幸地是，貛肉沒有太多商業價值，因此養殖貛的目的就只是為了取得貛毛。刮鬍刷比較人道的替代品是豬鬃。

第三章

無塑生活

如何落實在我們的生活中？

▍ 打包午餐

近幾十年來，方便且經過加工、預先包裝好的食物，早已取代了許多成人和孩童的便當盒，人們也因此大量使用拋棄式的塑膠用品。

三明治

先從三明治講起。現在已經有很多選擇，讓你可以打包好三明治而不使用塑膠。在打包之前，我們首先確認：這是不是個「有大量醬汁」的三明治？如果不是，那布質袋子將是個好選擇，還可以選擇棉製或麻製的袋子。近來開始普及的 Juco 也是一種打包三明治的極佳材料，這種由黃麻和棉混合而成的布料比較不吸水（和棉布相比），因此更適合清洗過後重複使用；它跟黃麻一樣硬挺，但還是很有彈性。這些天然的布質袋子還可以丟進洗衣機

裡洗，整理清潔不會耗去我們太多時間。

找那些開口使用金屬鈕扣、金屬拉鍊、棉繩、木製鈕扣或其他非塑膠材料的袋子。塑膠的魔鬼氈、四合釦、拉鍊沒辦法被生物分解，所以如果可以，請盡量確保整個袋子都不含塑膠製品。玻璃或不鏽鋼容器也很適合用來裝三明治，但如果是使用大量醬料的三明治，最好還是用密封容器。避免溢灑，還可以讓三明治保持完整。

果汁

午餐便當的塑膠垃圾中，很大一部分來自一個個黏著小型塑膠吸管和包裝袋的果汁包裝盒。儘管利樂包公司宣稱它們製造的容器是可以回收的，願意接收它們的公共回收單位卻寥寥無幾。把飲料倒進不鏽鋼水壺，再把可重複使用的吸管丟進便當袋，其實非常簡單。記得選擇附蓋子，和不鏽鋼內裡的水壺。

點心

從店裡外帶的午餐點心很多都會用塑膠袋包好。想想優格、餅乾、綜合果仁、水果軟糖捲和椒鹽卷餅，你甚至還可以找到放在並排在塑膠格裡的薄脆餅乾和乳酪，還附上一支用來把乳酪塗到薄脆餅乾上的迷你塑膠棒，這太瘋狂了！

只要簡單的計畫就可以自製點心，現在也可以輕鬆找到各式各樣的不鏽鋼容器來盛裝各種不同形狀和尺寸的點心。你可

以找到：經過分隔的方盒、密封的圓盒、用來裝沾醬或鷹嘴豆泥的小型容器，還有那些有分隔或分隔板來隔開各種食物的密封容器。

熱食

我們的事業剛開始時，市面上所有的不鏽鋼保溫罐的蓋子內側都有塑膠，這是個大問題，因為保溫會讓更多塑膠的成份被溶到食物裡——熱食的蒸氣會在蓋子上結成水珠，再滴回到食物裡面。目前市面上已經有幾個品牌的保溫罐在蓋子內側使用不鏽鋼材質，所以在購買保溫罐之前，一定要確認蓋子的內側是用什麼材質做的。

保冷

保冰袋一般會用塑膠包裝，內含用水、羥乙基纖維素和聚丙烯酸鈉混合而成的軟膠，它們唯一的功能就是要當保冰袋。當它們被撕開或破掉時，就無法被回收，只能直接送去掩埋。

幾年前，我們在一篇部落格文章裡建議：如果你需要在小孩的午餐袋裡放一個保冰袋，那麼將蘋果糊放在小型密封的不鏽鋼容器裡冷凍一晚，然後把冷凍的容器當做保冰袋（蘋果糊還可以吃，很健康），這非常實用。

但如果你覺得食物容器在便當袋裡佔太多空間，我們有另一個建議：利用不鏽鋼扁酒瓶。沒錯，就是那種用來裝烈酒，可隨

身放在褲子或外套口袋裡的扁瓶。在瓶裡裝進可以喝的白開水，大約八分滿，將它冷凍一晚。如果你要把這個瓶子放進孩子的午餐袋裡，最好用簽字筆在瓶身上寫下孩子的名字（就連永久的簽字筆油墨寫在不鏽鋼上都還是可以被洗掉），或許還可以加上「一〇〇％水」的字樣……這只是防止老師被嚇到。

便當袋

　　搜尋對地球和你的健康都環保的便當袋時，你或許會看到「氯丁橡膠」（neoprene）的便當袋，它們擁有漂亮又時髦的外型和花色，而且宣稱很環保。但除了它們可重複使用之外，環保與否是有爭議的。氯丁橡膠是以石油為基底的產品，無法生物降解。更糟的是，當它降解時，往往會分解成為像灰塵一樣的粒子，漂浮在空中，**最後進到你的肺裡**。

　　就我們所知，氯丁橡膠是不能回收的。它所謂的「環保」，是因為它不具備某種特性，而非因為它具備某種特性：它不含鉛或聚氯乙烯（PVC），就這樣。在我們的書中，這是「漂綠」的行為，我們比較喜歡的環保是出於產品真正的本質環保：耐用、天然、可回收、可生物降解、健康，而不是基於它們不具備的特性而主張它環保。

　　除了氯丁橡膠袋以外，大多數的午餐袋或盒子都有一層隔熱材質，用一層鋁箔和發泡聚乙烯黏合在一起。它們的外袋往往是聚酯纖維做的，要特別小心某些便宜的午餐盒（通常來自

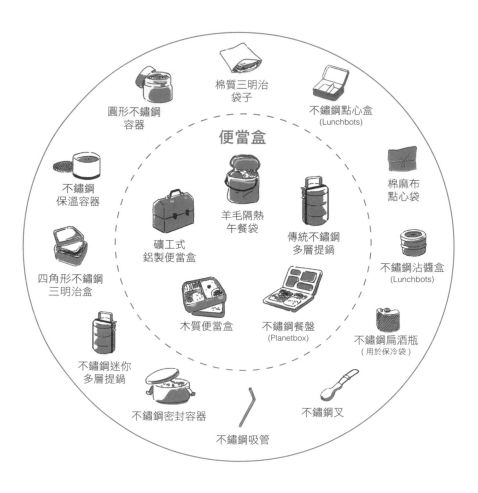

圓形不鏽鋼
容器

棉質三明治
袋子

不鏽鋼點心盒
(Lunchbots)

便當盒

不鏽鋼
保溫容器

羊毛隔熱
午餐袋

棉麻布
點心袋

礦工式
鋁製便當盒

傳統不鏽鋼
多層提鍋

四角形不鏽鋼
三明治盒

不鏽鋼沾醬盒
(Lunchbots)

木質便當盒

不鏽鋼餐盤
(Planetbox)

不鏽鋼扁酒瓶
（用於保冷袋）

不鏽鋼迷你
多層提鍋

不鏽鋼密封容器

不鏽鋼叉

不鏽鋼吸管

中國），表層可能是氯聚乙烯（PVC），可能含有鉛。這些材料其實都無法回收，也不容易維修，經過大約一年的使用後，你可能就會想淘汰它，最後就送進掩埋場。

關鍵是要使用**容易維護、清洗的天然材質**所製成的耐用午餐袋，這裡有一個不錯的選項，就是附加金屬拉鍊的羊毛隔熱棉質午餐袋。

其他絕佳的無塑選擇還包括：金屬的便當盒——像是傳統礦工式鋁製便當盒（miner's lunch box）。接著還有不鏽鋼的餐盤，它可以像筆記型電腦一樣打開，這也是小孩和大人會喜歡的類型。

最後，還有高雅的木製日本便當盒，已經堪稱藝術品的等級。這些便當盒通常會有兩個隔間，用小小的隔板分開各種食物。你或許會發現製作者使用傳統的清漆（urushi）去做最後加工，那是天然的塗漆，當它變硬的時候，就會封住木頭並使其防水，就像那些以化學物質為基底的清漆一樣。這樣的木製便當盒往往是手工製作，而且造價昂貴。

回收午餐

達巴瓦拉（Dabbawallas）在印度語中字面上的意思是「帶著飯盒的人」，這個行業已存在長達超過一世紀，已是孟買景觀的一部分，這些物流業者每天都會將熱的自製餐點送給印度的工作者。傳統上，妻子會為丈夫準備餐點，並把餐點裝在金屬製的多層提鍋（tiffin）中，親手交給達巴瓦拉運送。今日達巴瓦拉仍然活躍於孟買街頭，但餐點通常是由外燴業者或餐廳準備。

我們有一個位於巴黎的批發客戶，大約在五年前，他跟我們聯絡，想利用我們的密封不鏽鋼容器做食物外送服務，他的企業名稱叫做「Les Marmites Volantes」，法文字面上的意思是「會飛的飯鍋」。他們會把美味的餐點裝在食物容器裡送給客人，當新的外送送到時，顧客會歸還容器。從那時開始，類似的作法開始在北美出現，運用的容器從梅森罐到傳統印度式不鏽鋼多層提鍋都有。

我們在製作每天的午餐時使用各種大小的不鏽鋼提鍋。我們常常使用小型的雙層提鍋，在其中一層裝入切好的新鮮蔬菜，在另一層裝入鷹嘴豆泥。

餐具和吸管

如果餐盒裡面的食物有需要，別忘了在便當袋裡放入不鏽鋼餐具，家裡的金屬餐具就可以，也可以用湯匙和叉子二合一的不鏽鋼「叉匙」。玻璃或不鏽鋼吸管也可能是個好主意，可以避免在自助餐廳拿拋棄式吸管的誘惑。玻璃吸管比你想像的要堅固，而且通常會有永久替換保固服務；你也可以找到裝在小袋子裡的不鏽鋼吸管，附加刷子以便即時清洗。

▍餐廳和外帶

二〇一六年十一月，四家非營利保育組織發佈了「塑膠禁用清單」，其中「禁用」（BAN）也代表「目前更好的替代品」（Better Alternatives Now），這張清單列出了加州正在使用，在毒性和汙

染程度上最具傷害性的塑膠產品。實際上，清單中的重點產品都是「外帶用」物品，比如外帶容器、飲料瓶、蓋子、吸管和食物包裝。這份研究還有另一個重大發現，就是其中許多產品都是用毒性化學物質製成的塑膠製品。這是加州的現況，但是這些發現也同樣適用於世界其他地區；清單上所有的產品，其實都有比較安全和更永續的替代品，而且現在很多地方都買得倒。

那麼在外出、進食及喝飲料的時候，要如何解決列在禁用清單上、無處不在的塑膠罪犯呢？

只需要一些**事前規劃**。基本上，你只需要在出門前，把你想去的地點進行一次無塑篩檢。無論要去餐廳還是買外帶小點，先想想你可能會接觸到的免洗塑膠用品：塑膠杯、塑膠攪拌棒、保麗龍食物容器、塑膠水瓶、塑膠餐具和吸管，接著想想你需要隨身攜帶什麼，才能避免使用或帶著任何拋棄式塑膠回家。總是會有替代用品，你只需要習慣帶它們一起出門就可以了。接下來，我會逐一檢視最常見也最糟糕的罪犯。

水瓶 vs. 裝咖啡跟茶的馬克杯

數年前，在我們變得有「塑膠意識」之前，我們會重複使用免洗的塑膠水瓶，定期清洗、使用，直到它們有裂縫、不堪用為止。我們直覺認為這樣做應該很不錯：用自來水裝滿「可重複使用」的飲料容器，而非不斷購買瓶裝水。但是，這個做

法需要一些調整。

在談選擇什麼樣的水瓶前,我們最好先談談瓶子裡裝的東西。選擇自來水(編註:指自來水可生飲的狀況)代替瓶裝水,有幾個以下理由:

- 最顯而易見的危害就是塑膠化學物質的暴露。大多數的拋棄式塑膠瓶是用聚對苯二甲酸乙二酯製成(塑膠分類標誌1號),有釋出可能致癌的三氧化銻的風險。
- 儘管塑膠製拋棄式水瓶的回收率比較高,它們仍然是環境中塑膠廢棄物的一大來源。
- 自來水必須接受政府單位的定期監測和測試,比較有規範。相較之下,全球市值將近一千七百億元的瓶裝水產業大多是自我控管,水質監測和測試大多是自主進行。
- 北美的自來水通常很安全,但是你應該要檢查居住地的水源。如果你關切自家的自來水,可以考慮送檢,如果必要的話,裝個濾水器。
- 自來水的價錢非常公道。瓶裝水會用高昂的價格賣給消費者;但瓶裝水公司可能只付了一點點錢就取得他們裝瓶的水,甚至可能根本是免費的。
- 瓶裝水可能只是再次過濾的自來水,瓶裝水品牌「達沙尼」(Dasani)和「水菲娜」(Aquafina)就是這樣。

在公共場合(例如機場和大學),加水站或飲水機變得越來

越常見。從波隆羅音樂節（Bonnaroo Music & Arts Festival）到溫尼伯民俗節（Winnipeg Folk Festival）的音樂會和節慶活動，都已經不再使用瓶裝水，而是鼓勵參加節慶活動的人，找會場裡到處都看得到的加水站或飲水機填滿自己可重複使用的瓶子或馬克杯。

那麼，針對水瓶和咖啡杯、茶杯，最好的無塑選項是什麼？（如果你需要我們確切的品牌建議，請看的附錄章節，關於瓶子和馬克杯的部分。）

- 玻璃：玻璃瓶和馬克杯最大的優點是——它們非常穩定，不會釋放任何毒素（只要玻璃不含鉛就好，除非你用含鉛的水晶花瓶喝水），不會釋放任何味道，而且可以透過玻璃看到你喝的是什麼。主要的缺點則是它很易碎，也比較重（玻璃可能很重，尤其是加厚的玻璃瓶）。梅森瓶很不錯，既可以當水壺，也能當馬克杯（還能當食物容器）。
- 陶瓷：陶瓷跟玻璃的優缺點相同，但有一個額外的缺點，就是再重一些。但也有額外的優點，可能有獨特的藝術美感。它們往往是用手塑型、上釉的功能性藝術品。不過你應該會想確認使用的釉料是不含鉛的。
- 不鏽鋼：就水壺來說，不鏽鋼是我們隨身使用的不二選擇。很多人會選用不銹鋼的水壺和馬克杯。它的重量輕，材質堅固，而且安全。

至於旅行用馬克杯，大多都含有塑膠零件，可能是把手、外殼或蓋子，或者以上皆是，我們至今還沒找到不含塑膠的旅行用不鏽鋼馬克杯。如果有不含塑膠的蓋子具有可調整的啜飲口，液體就不會和塑膠接觸，會是很棒的選擇。大多數蓋子目前都是用聚丙烯製成（**塑膠分類標誌 5 號**），這是比較穩定的塑膠，但還是不理想，尤其是當我們必須直接用這些瓶子裝沸騰的液體時。

要注意市面上有很多鋁製的瓶子，這些產品看起來很像不鏽鋼，但比較輕。鋁會迅速和食物飲料互相反應，所以鋁瓶和隨處可見的鋁製食物瓶罐會有一層很薄的襯裡，通常是用雙酚 A 為基底的塑膠環氧樹脂所製成。這類襯裡有些已改用不含雙酚 A 的塑膠，但並不保證這些新的塑膠製品是安全的，因為許多不含雙酚 A 的塑膠也具有干擾內分泌的活性。我們會把鋁看做一種潛在的毒素，因為它和多種中樞神經系統疾病都有關聯。所以我們會採取預防措施，最好可以不使用它。

一旦你得到自己的瓶子和馬克杯，關鍵就是要記得，不論你去哪裡，都要隨身攜帶它們。扣環可以是一種可減輕記憶負擔的方便工具，可以將你的瓶子或馬克杯（**或者兩者**）固定在包包或背包上，你可以在出門時預先固定好，接下來的一整天你就輕鬆了。

如果你帶了自己的馬克杯，有些咖啡店會提供折扣。我們比較喜歡支持小型、在地、獨立的咖啡店（**而且就我們的經驗，自備馬克杯到這類愜意的避難所從來不會是問題**），但值得注意的

是，有些大型連鎖店也開始鼓勵自備飲料杯。星巴克會折扣〇‧一美元，加拿大的 Tim Horton's 則對有帶馬克杯的客人打九折（編註：台灣星巴克提供折抵十元的優惠）。

食物容器

在加拿大魁北克，有一道很獨特且受歡迎的速食叫做「肉汁起士薯條」（poutine），是在薯條上加上未完全融化的起司醬，最後澆上肉汁。它在外帶餐廳和路邊攤很常見，而且經常使用塑膠保麗龍材質的免洗外帶容器盛裝。看到這樣的情況總會讓我們感到害怕，不只是因為免洗餐具的廢棄物，還因為他們把又熱又油的肉汁起士薯條裝在聚苯乙烯容器裡，這會產生有毒的湯汁。

薯條、油膩的起司和滾燙的肉汁混合在一起產生的熱度，可能讓這份滿是油脂的起士乾酪薯條更不健康，因為保麗龍會釋放出許多化學物質。這個絕佳的例子，可以說明自備外帶容器、減少拋棄式塑膠所製造出的垃圾有多麼重要，對你的健康也有幫助！

以下是幾個讓你能在外帶或上餐廳時可以輕鬆無塑的工具：

● 梅森罐：有了梅森罐，連旅行都很方便。外出用餐想外帶或打包嗎？有梅森罐還擔心什麼呢！而且梅森罐的用

超級萬用的梅森罐，可以用來裝冰檸檬水、外帶沙拉和熱爪哇咖啡。

途廣泛，隨車方便，價格又低廉，是非常棒的選擇。

● 密封的玻璃和不鏽鋼容器：當你外出時，沒有什麼會比密封、防水的容器還要方便。你可以放心地裝入千層麵或香醋醬汁，還有山羊乳酪沙拉。無論是圓形、方形、長方形或橢圓形，都會用矽膠蓋密封，有的蓋子會附上吸管。當然，還有一種是玻璃容器配上不鏽鋼蓋子；此外，你還可以輕鬆地找到 Pyrex 的玻璃容器，包含塑膠的夾式蓋子（通常是相對穩定的聚丙烯 5 號）。儘管塑膠蓋並不理想，但這種容器容易取得，非常適合用來減少從餐廳外帶及打包回家的過程中產生的塑膠廢棄物。試著不要讓食物接觸到塑膠蓋就好。

● 隔熱的不鏽鋼容器：你喝不完買來當午餐的海鮮濃湯或辣肉醬，但希望稍晚拿來當下午茶點心時，它還是溫的？最好的不鏽鋼隔熱容器（會有雙層壁並以矽膠密封，以達到氣

密效果）能讓食物和液體（也許是咖啡？）很好地保溫或保冷長達好幾個小時。

- 提鍋：如同我們在前面午餐的段落強調的，亞洲的提鍋文化是個傳奇。這些多層的不鏽鋼或陶瓷提鍋，都帶有攜帶用把手，讓它們成為多合一的食物容器，且不需要使用袋子。此外，內部分層的設計能確保食物不會混在一起，當你要挑選外帶餐點，並希望確保水餃不會和蛋捲混在一起時，這樣的便當盒是個很棒的選項。

- 日式木製便當盒：另一項文化驚奇，這次是來自日本。在這些不鏽鋼、木製、或琺瑯製的便當盒中，有隔板可以分隔不同的餐點或品項，非常適合用來把壽司、西班牙小菜（tapas）、水果和蔬菜裝在同一個小型容器中帶走，而不用讓這些食物混在一起。

- 可重複使用的無塑包裝及袋子：這些是相對新穎奇妙的產品，可以完美地取代以下用於外帶和剩食的包裝材料：災難性的聚氯乙烯塑膠包裝、鋁箔、蠟紙、餐巾紙、紙袋或塑膠袋。這些不使用塑膠材質、更好也更安全的包裝及袋子，是用麻和有機棉布料浸入蜜蠟、樹脂和荷荷巴油製成，食物可以呼吸，同時還能防水。它們很容易使用、柔軟且容易摺疊，而且很好聞。它的用途很廣，在需要外帶和有剩食想打包時——想像把吃一半的漢堡、捲餅或三明治包起來妥善地放在你的包包裡，它們就像塑膠包裝紙一樣，有很好的自黏性，方便你做出小而密封的包裹和袋子。

設計隨身攜帶的容器並不困難，困難的部分是要有勇氣去要求自己習慣使用自備容器，並且訓練自己常去的餐廳和外帶店接受自備容器，將之視為正規的做法。越多人這樣要求，這個做法就會越快成為正規的做法。

以下是幾個外食和外帶的基本秘訣：

- 計畫剩食：當你要在餐廳用餐時，先假設會有剩食，主動培養自備容器的習慣，隨時在車上或自己的袋子裡放一個容器。
- 當然，如果你忘了帶自己的容器，避免使用塑膠剩食容器的一個作法就是不要有剩食。不要點太多東西，根據你飢餓的程度點餐。如果你事先要求，有些餐廳非常樂於供應半份餐點；如果無法點半份餐點，你又覺得餐點的份量可能會太多，可以考慮和其他人分食一份餐點。
- 預訂外帶的時候，電話中先讓他們知道你會帶自己的隨身容器，並詢問他們你需要何時抵達，好讓他們把食物裝入你的容器。
- 對於外帶餐點的選擇，請保持開闊的心胸。或許你有特定的想法，但可能會發現餐廳就是不想用無包裝的方式供應給你。這時可以選擇菜單上其他不會製造免洗包裝廢棄物的餐點，或是去另一家餐廳。
- 如果你看到自己喜歡的食物，卻使用了塑膠或其他方式的包裝，可以問他們是否能為你現做，並裝進你自己的容器裡。

- 拒絕任何你不需要的調味料、餐具、吸管、餐巾紙、小包裝的番茄醬和醋。如果你會馬上吃，那還需要餐巾紙和紙袋嗎？只要小心地吃，就不需要餐巾紙，或者請隨身攜帶可重複使用的手帕。

- 自己攜帶可重複使用的袋子，這樣你就不用跟餐廳或外帶店家要袋子。對壽司、中式或泰式這類可能會用到多個容器的食物來說，這個原則更是重要。

- 如果你沒有自己的容器，必須使用餐廳提供的餐盒，記得跟他們要可以分解的容器。如果他們沒有這樣的的外帶容器，問問他們為什麼沒有，請他們去生物分解產品協會（Brodegradable Prosuct Institute）找一些容器來用。

  🌐 生物分解產品協會：www.bpiworld.org

- 找出你家附近有提供紙質包裝或可分解包裝，且樂於給想減少廢棄物的人方便的外帶店家。

- 社區中的零廢棄聚會團體能提供很多資料，能認識志趣相投的人、並找出社區中最不會製造廢棄物的餐飲店。

- 考慮少吃外帶，多在家煮飯和吃飯。這能夠幫你省錢，改善你的健康，讓你跟家人相聚的時間更有品質。

　　聽過「不外帶運動」（Takeout Without movement，🌐takeout without.org）嗎？它超酷的。這是一個資料性網站，你可以在上面找到一些餐廳，他們很努力將廢棄物減到最少，並鼓勵顧客攜帶可重複使用容器。如果你攜帶自己的可重複使用容器，許多這類餐廳會提供獎勵。餐廳可以申請加入，你還可以建議

你最愛的餐廳加入這個資料站，如果經過認可，餐廳就會被列在網站上（**不需要任何費用**）。此外，資料站會提供可下載的小卡和海報做文字傳播，並鼓勵餐廳大幅減少製造的廢棄物。其中一個建議是：「**把包裝的數量減少到絕對必要的量就好。**」

餐具

還記得肉汁起士薯條嗎？它通常會附上聚苯乙烯材質的塑膠叉子。同樣的問題毒物公式：拋棄式的塑膠廢棄物＋又燙又油的有毒塑膠混合物（**在這個情況下，這些有毒混合物會進到你嘴裡，直接和溫暖的酸性唾液接觸，進一步增加化學物質釋出**）＝不好。

我們會在每一個地方放幾隻不鏽鋼叉匙。車子前座的置物箱、背包、便當袋、辦公桌、香朵的皮包、傑伊的黑色麻製側背包、我們兒子的便當袋、甚至登機箱（**在帶著它們旅行的整整十年裡，機場安檢人員從來沒沒收過它們！但我們收到很多它們很酷的評論**）。

還有輕便的竹製叉匙和餐具、以及隨身筷具組，既輕便又優雅，還能用輕便的盒子攜帶。如果想追求高品質，你甚至可以找到用加拿大楓樹製作的，精緻手工木製餐具。（**請見附錄章節的餐具部分**）。

可折疊的不鏽鋼叉匙，
適合各種需求。

　　或者，只要在同樣的地方放一些從家裡拿來的標準不鏽鋼餐具：書桌、車子、袋子和口袋。**最好的選項永遠都是使用你手邊現有的工具。**

吸管

　　現在我們來深入探討吸管的問題，這種用後即丟的免洗餐具糟糕透頂，卻攻佔了所有的餐廳及外帶店，可說無所不在。

　　吸管的初登場要回溯到古美索不達米亞時期，當時蘇美人會用黃金和青金石製成的吸管吸啤酒，發展到今日，則演變成顯然不那麼迷人。也沒那麼耐用的免洗式吸管。事實上，塑膠吸管已經成為我們令人痛苦且具毀滅性的拋棄式文化的另一個象徵。它對環境是一種災難，會對無辜的野生動物造成危害，之後我們會談一下這個話題。另外，大家現在都知道塑膠製品可能釋出合成化學物質，而透過廉價製造的塑膠管直接將液體吸進你體內，不會對健康產生任何好處。

　　在餐廳吃飯的時候，要問的第一個問題是：**我真的需要吸管嗎？**你只是偶爾會攪拌玻璃杯裡的冰塊？還是你一拿到飲料，就會把吸管拿出來，把它留在桌上完全不使用？它就只是個純粹的塑膠廢棄物。有些人真的比較喜歡用吸管，這完全可以理解，使用吸管可以減少飲料在你牙齒上的衝擊，因此會減少牙齒染上顏色和侵蝕的問題。或者，就像我們拿著水果奶昔的兒子一樣，你可能只是單純享受透過吸管喝東西的感覺。對

於玩你的飲料和食物戰爭遊戲來說，它們很有趣。如果吸管對你來說那麼重要，那就考慮投資一支可重複使用的吸管，隨身攜帶，像你可能隨身帶筆那樣。

在許多餐廳和酒吧，送上飲料時提供塑膠吸管是自發的行為，吸管實際使用的時間，可能才短短幾分鐘而已。之後大多數吸管會被直接丟進垃圾桶（只有極少數會被會被回收）。最後它們都會進到垃圾掩埋場，或是更糟糕的，作為廢棄物被「釋出」到更大的都會、鄉村地景及水道中。

根據估計，光是美國，每天就有五億支塑膠吸管會被使用及丟棄。美國每年的吸管使用量高達一千七百五十億支！想知道這有多瘋狂嗎？可以用以下的方式看看：

- 每天使用五億支吸管，意即每天可以用這些吸管填滿超過一百二十七輛校車，一年會超過四萬六千四百輛。把吸管頭尾相連，美國一天的吸管用量就可以繞地球超過兩圈半。只要三天多一點，我們就可以用吸管到達月球了。
- 每天五億支吸管，平均是每人每天一・六支吸管。根據這項研究，美國人在五歲到六十五歲之間大約會用掉三萬八千支以上的吸管。

請注意，以上這些估計數量並不包括每天由學校餐廳供應、以及放在便當盒裡的果汁和牛奶盒所附的吸管。

大多數的吸管是用聚丙烯（塑膠分類標誌 5 號）製成的，如同我們所知，這是一種石油提煉出來的塑膠，並不容易分解。世界觀察研究會（Worldwatch Institute）這樣形容塑膠吸管的製造過程——

> 添加著色劑、塑化劑（會讓塑膠變得比較有彈性）、抗氧化劑（會減少氧氣和塑膠之間的交互作用）和紫外光過濾劑（會保護塑膠免於陽光照射）。接著吸管會個別被包裝到襯套中，並用塑膠或硬紙板等材質製成的容器整批包裝。

這些塑膠吸管不會生物降解，它們會被光降解、分解成越來越小的碎片，容易被野生動物吃下肚。因為它是材質比較堅韌的塑膠，當聚丙烯進入海洋環境中時，它會長時間吸附毒物。接著這些含有大量毒素的塑膠往往會被野生動物吃下，慢慢地讓牠們中毒。

二〇一五年，來自德州農工大學（Texas A&M University）的研究團隊暫時捕捉並留置了一隻正在交配的欖蠵龜（Olive Ridley turtle）進行基因研究，發現牠的一個鼻孔中有某種白色堅硬的物質。是藤壺？還是蟲？都不是，是**塑膠吸管**！還好他們安全地把吸管完整移除，並拍了一部影片說明事情經過，這

件事幾乎立即傳遍全球。無疑地，這部影片簡單明瞭且令人不安，是很有力的當頭棒喝，提醒人們為什麼應該採取行動對抗拋棄式的塑膠廢棄物。

而既然你更加了解「塑膠吸管有害」的意思了，可重複使用的吸管又有哪些呢？（如需特定的產品建議，請見附錄章節有關吸管的部分）

- 玻璃：短的、長的、直的、彎的、冰沙用和兒童用、就連帶綠色斑點（真的）都有。吸管的尺寸和顏色範圍非常廣，它們一般是以硼矽玻璃製成，甚至往往會提供永久免費替換的保固服務。這並不代表它們不會壞（如果你拿著它們對磚牆猛丟，那就會了），但它們的材質驚人地堅固。你還可以加上清潔刷，並把它們一起裝在隨身袋裡，方便攜帶。
- 不鏽鋼：另一種堅硬、便利，可以針對各種用途與場合，便於攜帶的選項。你或許會想：這種吸管很適合露營。沒錯，的確是，但是還有更多的用途；午餐、優雅的雞尾酒會、外帶、游泳池畔、衝浪岸邊及露台。丟一支到包包、背包或汽車置物箱裡，這樣你到哪裡都能使用它。
- 竹子：這是完全天然的替代品，可以取代用後即棄的吸管。它們是用整根竹莖製成的，容易清洗且可以重複使用。如果每次使用過後清洗並晾乾，可以用上好幾年。
- 可生物降解且可用於堆肥的免洗餐具：要提出這個選項讓

我們有點猶豫，因為它們是免洗式的，但有時候你可能就是需要免洗式吸管，所以如果它的材質可生物分解且可用於堆肥的話，相對會好一點。它們有些是用無氯紙製成的，並使用安全染料，能夠挑選的顏色範圍很廣。還有些是手工採收真麥桿切割而成的吸管（註：英文中吸管和麥桿是同一個字），尤其是用有機生長的冬日黑麥的麥桿製作的吸管。

下次你要在餐廳、酒吧外帶點飲料時，請記得這樣說：「不用塑膠吸管，謝謝。」

賈姬·努涅斯（Jackie Nunez）把它進一步拆解成好幾個步驟，她提倡一項活動叫做「最後一根塑膠吸管」（The Last Plastic Straw，⊕ thelastplasticstraw.org），鼓勵酒吧和餐廳完全淘汰吸管，或至少在它們的菜單上說明：「如有需要可提供吸管」。為了鼓勵願意改變的企業，該網站上面有一張地圖，點出參與活動、已經淘汰不用吸管的餐廳。她還和塑膠汙染聯盟（Plastic Pollution Coalition）結盟，鼓勵每個人承諾「不用塑膠吸管」並避免使用；另外，在住處附近的餐廳裡留填寫意見表，要求餐廳只在有人需要時才提供吸管。如果你想加入這項活動，就快來參加吧！

旅行

　　你旅行的方式，會決定怎麼準備你的無塑旅程。如果你很常旅行，這麼做或許會是個好主意——準備一個小的旅行袋，裝著所有的無塑用品，讓你隨時能夠出發。

搭飛機旅行

　　如果你搭飛機旅行，通過機場安檢的時候，至少有兩項規定要考慮：❶ 你不能攜帶容量超過一〇〇毫升、裝滿液體的水瓶；❷ 你的化妝用品（乳霜、乳液、洗髮精）必須可以裝進一〇〇毫升容量以下的容器裡。九一一事件發生後，這些規定開始生效，塑膠瓶裝水產業真是賺翻了，因為許多人開始會在安檢的另一頭買水瓶。化妝用品迷你包的銷售量當然也呈現爆炸性成長，這些用品包括洗髮精瓶、牙膏、防曬油和隱形眼鏡藥水。

　　當你過著無塑生活時，第二項規定其實沒什麼大不了，因為你會試著攜帶乾燥形式的產品，使用前再加水就好。盡可能避免液體形式的產品，因為它們往往得用塑膠瓶包裝。

　　要應付第一項規定，你可能會想把這兩個重要的東西裝在自己的隨身包裡帶著走：

- 可重複使用的不鏽鋼水瓶。攜帶雙層隔熱的不鏽鋼水瓶會是個好主意，這樣在飛機上你就可以拒絕使用保麗龍杯，

改用它來裝咖啡。如果你想讓旅行輕便一點，或許還可以考慮使用可摺疊的不鏽鋼水杯，或是雙層水杯。

● 備長炭條。如同在廚房工具的章節裡說明過的，一根日本備長炭條可以去除水中的氯和其他毒素。隨身攜帶一根備長炭條和空的水瓶，等你通過安檢之後，找到飲水機（如果找不到飲水機，洗手間也可以），把備長炭插進瓶子裡，裝滿水。

如果你是搭客運和火車旅行，可以攜帶裝滿水的水瓶，但帶著備長炭條仍然是個好主意。

以下是你下次旅行可以使用的無塑清單，哪種交通方式都適用。

● 叉匙或可重複使用的餐具。準備一把可摺疊的不鏽鋼叉匙、竹製的叉匙、或是一組便於攜帶的竹製餐具。

● 可重複使用的吸管。準備一支不鏽鋼或玻璃材質的吸管和一把小刷子，這樣你就能在使用完後馬上清潔。旅行時這更是重要，因為黏黏的汽水或果汁會弄髒你的吸管，得先找到像樣的廚房清洗，才能再次使用。

● 用小型盒裝的烘焙用小蘇打粉。你可以把它和少許水混合，用來清洗碗盤、衣服或幾乎任何其他的東西，包括你的牙齒。

● 耳機。飛機一降落，有些航空公司就會把在飛機上發

出去的耳機丟掉。

- 密封的不鏽鋼容器，等候登機時，你可以用它裝滿餐廳裡的食物。
- 用硬紙板盒或小馬口鐵罐裝的防曬產品。
- 對折後可以當餐巾的布手帕。
- 一、兩個能收折的購物袋。
- 無塑的木製牙刷。
- 小型不鏽鋼安全旅行剃刀。
- 可以用來當沐浴乳和洗髮精使用的多用途肥皂。
- 一些用玻璃容器裝的固體膏狀除臭劑。
- 棉製浴帽。
- 棉製睡眠用眼罩。
- 橡膠耳塞。
- 麻、棉或亞麻製的口罩——尤其是如果你要到北京或墨西哥市之類的地方旅行，因為它們的空氣汙染非常嚴重。
- 一雙棉製拖鞋。
- 使用棉製枕頭套的蕎麥頸枕。

如果你是女性，妳可能會想添加這些額外項目：
- 月亮杯和幾塊可重複使用的布衛生棉。
- 一些可重複使用的棉製卸妝棉或洗臉毛巾。

針對清單上的必備項目，你或許無法找到乾燥形式的替代品，像是隱形眼鏡藥水、或其他很難找到其他形式的液體補充品。如

果是這樣，為了保持使用上的彈性，可用一〇〇毫升以下的便攜式旅行用玻璃瓶來裝。

公路旅行

如果想以比較舒緩的步調來探索我們居住的這顆美麗星球，公路旅行是很棒的方式。想挑戰一次「不塑」的公路旅行，只需要一點事前規劃，尤其是關於你攜帶的食物和水。

公路旅行時，我們很喜歡攜帶中型的十公升不鏽鋼飲水器，放在我們的後車廂。停下來休息的時候，我們會直接用這台飲水器確實裝滿各自的水瓶。此外，你可能有需要在公共廁所裡把飲水器補滿，還是建議你隨身攜帶一根大型的備長炭條。

為了避免外帶及得來速食物產生的廢棄物，記得確保你手邊隨時都有好幾個可重複使用的咖啡杯，也要在車子裡放一些容易取得、可重複使用的叉匙和吸管。手邊同樣隨時準備一些棉製手巾和一些可重複使用的容器。提前預備點心，把它們裝在大型的可重複回收容器裡。多帶幾個可重複使用的袋子。如此一來，你就不用去刻意算到底需要多少個，因為它們總是很容易拿到。

在旅館過夜

如果你計畫在旅館過夜，記得確認自己確實帶了自己的隨

身用品。一般在旅館房間裡都會免費供應，但如果你自己帶了，就不會被誘惑去使用旅館中使用塑膠包裝的備品。以下是建議清單：

- 含有備長炭濾條的水瓶
- 可重複使用的馬克杯
- 用小型玻璃容器裝的奶粉或奶油
- 洗髮皂
- 肥皂
- 安全剃刀
- 浴鹽
- 牙刷和牙膏
- 棉製浴帽
- 棉製拖鞋

▍健身房與戶外運動

運動性能的改進和塑膠科技的進步是直接相關的。我們正值青春期的兒子很喜歡滑雪，而且相當擅長這項活動，當他需要新的滑雪板時，我們實在無法說服他說，他應該買塊全木製的滑雪板，好減少他的塑膠足跡。現代滑雪板的核心是木頭，卻又用樹脂和玻璃纖維類的塑膠與木板壓合。他的雪靴也是用尼龍製成、用塑膠泡綿隔絕溫度。他的滑雪裝幾乎完全是用聚酯纖維製成的。

採行無塑生活意味著你得放棄高性能的運動嗎？當然不是。

生活只是會突然變得不那麼刺激。我們需要的是產業的合作，研發出對地球影響不那麼大的新型塑膠，而且讓顧客可以試用，即使價格可能會稍微貴一點也無妨。在滑雪板的世界裡，伯頓（Burton）這類領頭的公司正在整合可永續使用的材料，用來製造滑雪板。巴塔哥尼亞（Patagonia）了解人們非常需要對於環境更加友善的運動服裝。去找這類產品，而且要讓生產公司明白這會影響你如何去挑選產品。

運動服裝

塑膠材質的衣服的優勢主要在於性能，但有些公司正在重新發掘天然纖維的優點，研發新的科技來改善它們的特性。美麗諾羊毛是這個趨勢下的一個很好的例子。近年來，它已經被改良得越來越薄，容易清洗且不易收縮。它的優點很多，特別適合是作為冬季運動的裡層衣物；因為即使因為出汗而變濕，它仍然能夠保暖。

另一種正在運動世界中向前邁進的纖維是絲。這種纖維材質很強勁、能夠呼吸，即使進行強度最大的訓練還是可以保持清爽。其他在運動世界中越來越受歡迎的天然纖維包括有機棉、麻及亞麻。

近年來，竹子逐漸以環保纖維之姿出現在市場上，其行銷重點在於竹纖維的生長快速，不需要很大的土地。製造商沒說出口的是，要讓堅韌的竹纖維變成柔軟的材料，需要使用大量

刺激性的化學物質，像是氫氧化鈉、二硫化碳和硫酸。二〇一〇年，加拿大競爭局（Canadian Competition Bureau）要求製造商拿掉用竹纖維製成的紡織品標籤上的「環保」字樣，因為這會誤導消費者。這類纖維現在必須標示為「竹黏膠纖維」（bamboo viscose）或「竹嫘縈纖維」（bamboo rayon），表示它需要經過化學製程。如果竹製衣物含有萊賽爾纖維（Lyocell）或天絲棉（Tencel）的標籤，就代表它是使用化學密集程度較低的閉路製成（closed loop process）製成，這種製程會回收所使用的化學溶劑。這一切都表示，當你採購運動服裝時，應該要仔細辨認紡織品的標籤，盡可能地選擇天然纖維。

運動鞋

如果現在你想找到全天然的運動鞋，你得瀏覽 eBay 的懷舊區，才能找到完全用皮革製成的舊式愛迪達運動鞋——不含任何塑膠成分的運動鞋已經不存在了。如果你無法找到一雙全天然的鞋子，至少要確保用適當的方式丟棄它們。基本上有兩種方式：

● 如果你的鞋子還可以穿，而且可以讓某個不那麼幸運的人開心的話，你可以聯絡幾個組織，他們會很樂意接收你的鞋子，並把它們重新分配出去。在美國，可以聯絡 Soles 4 Souls（www. soles4souls.org）尋找捐贈地點；在加拿大，可以看看 Shoe Bank（www.shoebankcanada.com）。而在世界的其他地區，可以聯絡鞋子零售連鎖商，詢問他們捐贈舊鞋的方案，大多數大型連鎖企業都能夠幫助你。

● 如果你的鞋子已經到了運動生涯的終點，那你需要回收或賦予它們新的用途。可以聯絡 MORE 基金會（www.morefoundationgroup.org）或是上 Nike Grind program 的網站（www.nikegrind.com），他們接收任何類型的鞋子，不限於 Nike 的鞋。他們會避免讓鞋子進到垃圾掩埋場，並將這些鞋子降級回收，做成運動場表面材料。

瑜伽

考慮到會練瑜伽的客群的特性，這個產業正做出重要的努力，來回應顧客對永續性的追求。大多數的瑜珈墊都是聚氯乙烯（PVC）製品，如同我們在這本書中許多地方都反覆提到的，即使以塑膠製品來說，這也不是最佳類型的塑膠；而且你現在可以找到用許多天然材料製作的瑜珈墊，從有機棉麻到天然橡膠和黃麻。

有一些公司會提供天然橡膠製的瑜珈墊，只要你對乳膠不會過敏，這會是很棒的選項。如果不行，你也可以找到百分百麻製的瑜珈墊，它可以單獨使用，或是做成天然橡膠墊的表層。

露營

作為不塑生活的狂熱份子，我們很喜歡探索天然環境，並沐浴在美麗的大自然中。沒什麼會比花一晚待在樹林裡，

與朋友一起坐在火堆旁聊天更棒。但是想找到無塑膠的露營裝備實在很困難。

你可以考慮睡在「梯皮（tipi）」（編註：一種圓錐體狀的帳篷，由樺樹皮或獸皮製成，北美大平原上的美國原住民使用）裡。請記得，搭這類的帳篷會需要一些努力和技巧，所以一旦搭好，你可能會想待在同一個地點好幾天。還有另一個選項是棉製的帆布帳篷，它們有各種尺寸，而且寬敞版的帳篷非常豪華。另外還有華麗的西伯利亞蒙古包，這會是如家一般的享受。

相較於帳篷，我們確實可以找到使用天然原料的不塑睡袋，它會使用棉製的外部襯墊，內層部分則會用棉或美麗諾羊毛製成，不會再有裝滿尼龍的合成填充物（對於不塑的購物選項，請參閱附錄章中健身房與戶外運動的部分）。

▍辦公與學校環境

不論你是學生還是全職上班族，在你會花很多時間待著的工作空間中，其實你未必會有機會挑選各種用品。除非你是法律事務所的合夥人，或者因為職級或特殊情況而有權選擇使用哪種辦公桌，不然你很有可能會坐在一張鋪了塑膠布的椅子上，並搭配一張人造板材做的桌子。

家具

人造板材和實木做的桌子之間的價差很大，因為價差實在太大，很少有企業負擔得起讓所有員工使用實心木桌。人造板材有時候看起來很像真的，因為表面的塑膠裝飾層含有一種模仿木頭外觀的貼花。這種裝飾層板通常是用以甲醛為基底的三聚氰胺製成。底下是壓合板，利用大量的膠來壓縮的木質複合材質製成。

你的椅子或許是由合成泡沫塑膠、聚酯纖維和塑膠椅臂所組成。你的電腦和螢幕或許會含有許多塑膠，可能還會有聚酯纖維製成的隔板。地板上或許會鋪著塑膠地毯，而且如果有窗戶的話，上面還可能會有乙烯基做的窗框、百葉窗或合成窗簾。你周圍的油漆和黏著劑或許會釋放一些揮發性有機物（VOC），包括苯在內。事實上，根據世界衛生組織（WHO）二〇一二年發佈的警告，你周遭的空氣可能含有許多苯和其他化學物質。

儘管你對辦公室空間裡的家具能做的不多，但還是可以試著告訴老闆，你實在不能容忍揮發性有機物、塑膠和其他化學物質——正常人應該都無法容忍會讓他們生病的化學物質吧？你甚至可以提議帶你自己的桌椅去上班，但這麼做只會解決一部分的問題，因為你呼吸的空氣裡還是包含來自其他工作區的塑膠微粒和有害物質。

空氣淨化植物			
植物名稱	示意圖	去除的化學物質	對家中動物是否有毒
常春藤 （*Hedera helix*）		苯、甲醛、三氯乙烯、二甲苯、甲苯	是
吊蘭 （*Chlorophytum comosum*）		甲醛、二甲苯、甲苯	否
白鶴芋 （*Spathiphyllum cochlearispathum*）		苯、甲醛、三氯乙烯、二甲苯、甲苯、氨	是
虎尾蘭 （*Sanseieria trifasciata*，也叫「岳母舌」）		苯、甲醛、三氯乙烯、二甲苯、甲苯	是
蘆薈 （*Aloe vera*）		苯、甲醛	是

空氣

　　這裡有一個能多少改善你呼吸空氣的解決方法：帶一些茂盛的空氣淨化植物去上班。高聳的辦公大樓很少會有可以打開的窗戶，相反地，它們會仰賴空氣循環系統，而這只會帶進一〇％到二〇％的新空氣，回收其餘的部分。一九八九年，美國太空總署（NASA）發佈了一項關於空氣淨化效果最佳植物的研究，一六二頁的圖表列出了其中最常見的植物，它們已被證實能有效去除苯、甲醛和其他環境空氣不好的化學物質。

微波

　　北美地區大多數的辦公室廚房和學校自助餐廳會提供微波爐，讓員工和學生可以在午休時使用。儘管這種方式能夠非常快速且方便地加熱食物，但請記住，塑膠和微波實在無法相容。在加熱過程中，微波往往會促使塑膠添加物從塑膠容器轉移到食物本身，**尤其在食物有油或酸的情況下**。

　　為了降低食物摻雜塑膠化學物質的風險，請遵循以下兩個原則：

- 使用玻璃或陶瓷容器代替塑膠在微波爐中加熱食物
- 不要用保鮮膜覆蓋食物，改用紙巾。

　　或者，你可以用保溫容器裝進熱的午餐去上學、工作，或者試著說服你的雇主購買烤箱。烤箱非常適合重新加熱放在不銹鋼容器裡的午餐，不需要再把食物移到另一個容器裡，只需要直接重新加熱，再來就祝你用餐愉快囉！

第四章

讓塑膠
從你的個人空間絕跡
如何打造更健康的家？

　　當人們第一次到我們家來的時候，我們有時會感覺到他們正用一雙銳利的鷹眼到處搜尋，期望不會發現任何塑膠製品。沒錯，我們是過著「無塑生活」的人，他們有時候是會這麼稱呼我們，但我們的生活並非零塑膠，也不是零廢棄。我們非常注意周遭、以及進入生活的塑膠製品，而且**一直在想辦法減少我們的塑膠足跡**。這樣的注意力就像一層用來做決策的小濾網一樣，幫助我們不斷嘗試並追求品質優良、耐久的用品，過濾掉那些廉價的拋棄式產品。在我們家裡，你確實會看到很多木頭、很多不銹鋼、還有很多梅森罐——我們超愛梅森罐。你還會發現許多製造精良的舊式二手產品，像是我們在 eBay 上買到的經典維他美士（Vitamix）調理機。

　　現在輪到你了，如果你也想加入我們的行列，是時候評估一下你現在在無塑旅程中的哪一個階段。以下列出的個人塑膠稽核表，是遵循我們和菩提衝浪瑜珈營的崔維斯·貝伊斯（Travis Bays）、Geoporter 的艾咪·沃克（Amy Work）一起制訂的標準，用來在哥斯大黎加巴西亞巴雷納（Bahia Ballena）協助菩提衝浪瑜珈營的其他人們減少使用塑膠製品。這份表格可以幫助你建立架構，評估自己目前使用塑膠的狀況。

開始注意你家中的塑膠製品：如何進行個人塑膠稽核

　　大多數人在意識到生活中各個環節充斥多少塑膠製品時，都會感到很震驚。在家中或公司＊裡進行個人塑膠稽核，能夠讓你掌握自己的起跑點，明白自己的塑膠足跡位於何處。順帶一提，孩子可以扮演絕佳且充滿熱情的稽核員，因為他們銳利的雙眼非常注意細節！塑膠稽核是很有力且令人大開眼界的家庭活動，也是很棒的辦公室團隊課題。

＊以下樣本是專為宜居住家設計的，但可以輕鬆調整成適用任何機構的情況。

【初步準備】

　　時機：你會需要找出最適合目前生活狀況的做法，但是我們建議一開始要有至少兩週的時間。

167

工具：

- 要有個記錄稽核的方法。可以是一支筆和實體筆記本，最好有畫線，這樣會比較容易列出項目。或者是智慧型手機、平板電腦，也可以是你自己的筆電或桌上型電腦。手機會比較方便，如果你用的是桌上型電腦，那也沒關係，但你還是會需要電腦以外的筆記本和鉛筆或行動裝置，才能在家中行進間隨時記錄重點。

- 或者你也可以用相機拍下找到的塑膠製品，而不只是列出清單。

- 找一個中型的厚紙板箱或是木箱，或者找個塑膠垃圾桶（塑膠還是有用處的！）又或是大型布袋（耐用的塑膠袋也可以）。這主要用在進行自發性清除。（請看後文第三步）

- 帶上你的鷹眼及熱情，我是說真的。這個步驟有一部分會跟你的態度相關，你是否已經準備好對自己和手邊的物品問一些尖銳的問題了？

第一步　把你的家分成幾個小區域

把你的家分成可以管理的區塊——所以你不必是一次處理整個家，對任何人來說，那都有可能產生過大的壓力，而且其實根本做不到。把這些「區塊」（也就是家裡的房間或區域）寫下來，用一張簡單的清單列出你平常會經過它們的順序。這個步驟是必要的，可以很明確且精準地知道你的狀況，並提供了一個很紮實的基礎，讓你可以進行稽核之後的評估。

　　仔細考慮你自己生活的方式，並試著根據能夠反映你生活方式和日常節奏的分類，很自然地把你自家分成幾個區塊。比如說廚房、客廳、浴室、睡房、花園、還有車庫——能在你腦中成為具體畫面就更好了。

　　稽核大概要花兩天。其中一天用來寫出你最先想到的清單項目，思考一段時間，並且最後再檢查每個部分，確保它們能代表你實際生活的方式。

第二步　製作你的稽核表（或是<u>不要進行這一步驟</u>）

　　利用你從第一步取得的清單，在紙上畫出一份簡單的表格，或是在你的電子裝置上建立一份表單，表格的第一欄（<u>最左欄</u>）列出上一步驟清單中包含的所有家中區域，按照你在家裡移動的順序往下排。接著在從左往右的各欄位註明下列標題：塑膠製品、可能的替代品、附註（<u>改變用途、改造、捐贈、回收</u>）。

　　隨著以下步驟的進行，會一一解釋每個欄位的用途。

　　記得我說的，如果你覺得寫這樣的表格有點負擔過重、太浪費時間或是沒有必要，那就**不要做**。只要在你的筆記本上翻開新的一頁，或是在你的行動裝置上新增新的備忘或文件，接著進行下一步，這樣就可以了。重點是你要記錄在第三步的評估結果，並製做相關紀錄。

稽核表			
家中區域	塑膠製品	可能的替代品	改變用途 改造、捐贈 附註
廚房			
客廳			
浴室			
臥室			
花園			
車庫			

第三步　開始行動！在家中進行評估 ──
　　　　找出並記錄塑膠製品

　　該是時候展開行動、看看你能找到哪些塑膠製品了。這個步驟是塑膠稽核的核心，需要你確實仔細地檢查自己生活的環境，並記下周遭的所有塑膠製品。你可能會很驚訝地發現，自己的生活中竟然有這麼多塑膠製品。

　　找出這些塑膠製品後，就把它們登記到你的電子表單、或記在你的筆記本裡。如果你用筆記本紀錄，試著在每一項產品旁邊留下一些空白以便做筆記。

　　如果你特別有企圖心，也知道這項產品是用哪種塑膠製成的（你可以檢查上面是否有回收編號），就可以把這些資訊填入表格，在產品後面用括號加註。這有助於讓你安全且有效地回收或處理你之後會用其他東西取代的塑膠製品。最常見的塑膠種類概述、以及辨認它們的方法，可以在前面的章節找到。

　　在進行這項評估的同時，如果對於用無塑製品替代某項產品有什麼即刻的想法，就在表單上的「可能的替代品」欄位記下你的點子。但是不要太鑽牛角尖，只要繼續保持行動就好。

　　還記得我們要你帶著的箱子、紙箱或袋子嗎？現在它應該就在你手邊。如果你碰到一項塑膠製品，你知道自己不需要它，或是它讓你覺得很噁心或生氣，讓你想馬上擺脫它，就把它丟進袋子或箱子裡。我們把這個動作稱為「自發性清除」。我會在第四步告訴你要怎麼處理這些東西。

　　我們建議花上幾天的時間進行稽核。你或許會想一天檢查一個區域、或是擱著幾小時或一天，再一次進行整個狀況的確認。再強調一次，就按照你生活的步調進行就好，這部分會很花時間。實際需要很長的時間是因為，除非你停下來仔細檢查，不然你根本不會發現生活中有這麼多東西是塑膠做的。

在評估這個步驟時，也要注意空間本身。看看地板、地毯、窗簾和佈置，你的地板可能是塑合板做的，但因為看起來很像木頭，所以你從來都沒注意到這一點。

第四步　塑膠分析（PLASTANALYSIS）：什麼要留下；什麼要拿走？

你已經檢查完整個家，也擁有一張完整的表單或清單（記錄了你找出來的所有塑膠製品），太棒了！恭喜你，這可是建立無塑意識的第一步。

現在該是時候進行你的塑膠分析了──就你所找到的每一件塑膠用品，問自己幾個問題。你得決定下一步要怎麼做。以下幾個問題可以幫助你決定：是要移除或用其他產品替代你找到的某個塑膠製品。

- 這個東西是用高品質塑膠製成的嗎？在我生活當中，這個東西還是有用的嗎？
- 這項產品應該被移除或替代嗎？
  - 它是不穩定的塑膠嗎？會直接和食物或飲料接觸嗎？還是它會對人體健康產生直接的威脅（例如說，小孩可能會放進嘴巴的塑膠玩具）呢？
  - 這個物件還堪用？是否需要立即移除或替代？
- 我能否改變它的用途或重新改造它，讓它產生全新且安全的用途？如果可以，就在表單最後一欄寫下最後的附註。

● 其他人需要它嗎？如果我將它送給能好好善用的人而不
　至於造成危害，會不會更好？如果可以，就在表單最後
　一欄裡寫下最後的附註。

如果這項產品在你生活中仍然有用，也不會造成直接的傷
害，那就沒有必要立刻取代它。這項活動的目標絕對不是要製
造不必要的浪費或花費，請記住，現有大多數的塑膠廢棄物都
會被送到垃圾掩埋場，或是焚化、或是變成世界上某個地方的
塑膠汙染——很有可能是海洋。許多塑膠其實沒有被回收，而
那些確實進到回收流程中的產品，只有極少比例真的變成可用
的新塑膠原料——通常最多只有約三〇％可用於有此需求的塑
膠合成樹脂。此外，回收的塑膠製品一般都是「降級回收」，
意思是說它們只能被用來製造低品質、或是實用性較低的產
品。

你可能會想要盡你所能，避免把任何你不想留下的塑膠製
品丟到垃圾桶。不過，**重複使用、改變用途／重新改造、捐贈**
是最好的，回收次之。

盲目地丟掉你家裡的所有塑膠製品不只會產生極大的浪
費，還很花錢。這也完全弄錯了我們想藉由這個稽核活動、和
這本書來傳達的重點：**意識**，這才是改變行為和習慣的催化劑。

我們建議花上幾天的時間進行稽核。再強調一次，你或許

會想一天檢查一個區域、或是擱著幾小時或一整天，再一次分析所有的塑膠用品。

第五步　替代分析（ALTERNANALYSIS）： 我能找到無塑的替代品嗎？

如果你已經決定要尋找某些用品的無塑替代品，你可能會需要針對你的需求進行一些研究。當你碰到可能的替代品，就把它們加到表單上「可能的替代品」的欄位。在尋找替代品時，可以回到過去，想想你的祖先們沒有塑膠是怎麼過日子的──塑膠進入主流生活不過是七十五年前的事！舉例來說，非常常見而且幾乎免費的梅森罐在家中有許多沒有明說的用途，可用來存放食物和辦公用具（註：它的內蓋通常會加一層雙酚A，如果你使用梅森罐來存放食物，而且內容物會碰到蓋子，可以考慮把蓋子換成不鏽鋼的，你可以在附錄找到更多選項）。

另外，自製清潔或個人護理用品會是個有趣的選擇，不只可以減少大量持續累積的塑膠廢棄物，另外，取決於你目前正在使用的產品種類，還可能會減少你接觸到有毒化學物質的機率。

本書的其他部分會幫助你避開塑膠製品。我們整理過、有助於無塑產品供應商的建議則見於本書最後的附錄。另外，我也想提醒你，有時你需要的不是換個替代品，而是換個做事方法。一點點的行為或生活的改變，就可以消除生活中的大量塑膠。比如說，使用醋、烘焙用小蘇打和精油來清潔，而非買進用塑膠容器

装的清潔產品。

　　我們當然期待你能在這個步驟上持之以恆！但如果你想先挑戰一段時間，那就試著用一週專心研究並做出決定。事實上，要找到適當的替代品可能會是個持續不斷的過程，取決於你的預算、生活方式與你有多想清除自己家裡塑膠用品。

　　整個活動最有價值的部分就是：跟之前相比，你現在更加理解自己生活中有哪些塑膠製品，而且已經開始準備去尋找替代品了。

【慎選進入你家中的產品】
　　想避免造成更多塑膠垃圾嗎？購物時，以下幾個訣竅或許可以幫上一點忙：

訣竅 1　閱讀產品標籤
　　這個秘訣對任何產品都很重要。盡可能了解你要買的商品，越詳細越好——這是很合理的，無論是食物、衣服、還是個人護理產品。

訣竅 2　散裝購買
　　這個秘訣尤其適用於食物和清潔用品。這兩種產品，你都可以攜帶自己的容器到店裡，先秤好容器的重量，再裝進你需要的量（這個動作稱為扣重）。最根本的目標是要避免塑膠

廢棄物的最大來源：包裝。

訣竅 3 **買品質、買智慧**

就我們的經驗來看，你拿到的商品通常都與你支付出的價格等值。高品質且耐用的產品往往價錢也高，但是也要記得，大量的前期投資會讓你之後省下很多錢。比如說，比起在嬰兒包尿布期間會消耗的紙尿布，在嬰兒出生時買進一組可以重複使用的尿布，能幫你省下一大筆錢。

只要做好比價工作，到適合的地方購物，就可以採購到有品質的特價商品。市面上有很多能幫上忙的產品評論網站，請好好利用 Google 或其他搜尋引擎。在你篩選線上商店的同時，也別忘了確認其他顧客對你感興趣的商品的評價，利用這個方法，你就能夠知道賣家或製造商可能不會在產品說明中提到，或者根本就沒有注意到的小細節。

訣竅 4 **買二手商品**

在我們社區裡，有一間非常有名的二手店，叫「魯珀特近新品」（Rupert Nearly New），地點在魁北克的魯珀特（Rupert）。這個地方是個尋寶庫、充滿了獨特又價廉物美的好東西。店如其名，你幾乎可以在「近新品」找到任何你需要的用品。

車庫拍賣、後院拍賣、跳蚤市場、古董店、舊衣店、還有寄售店（常會有很不錯的衣服和玩具！）買二手商品會是一種減少

高品質產品花費的好方法。如果你很清楚自己要什麼，也已經做過研究了，當你看到它時自然就會成交。在各種二手網站如「克雷格清單」（Craigslist）和「奇集集」（Kijiji），或是eBay.com 和 eBid.net 之類的拍賣網站，甚至是販賣自製商品的迷人網站 Etsy，你都可以找到各式各樣不錯的商品。

購買二手或自製的商品有一個很大的好處，就是比較容易避免塑膠包裝。如果你在線上購買，記得要求賣家，如果可能，就完全不要使用塑膠包裝。

訣竅 5　深入你當地的社群

我們的社區位於魁北克的韋克菲爾德，有很活躍的電子郵件及臉書社團，人們會定期在上面貼文販賣或徵求特定的產品，也許在你居住的地區也會有類似的線上社群團體？可以問問朋友，到當地的社區中心問問、或是就到處看看。

訣竅 6　線上訂購及運送包裹時，盡量減少塑膠包裝

線上訂購時，請選擇你可以信任的零售商。如果零售商提供產品的說明很少，可能意味著他們不太了解自家產品、也不想去了解。此外，產地也是網頁上常會缺少的重要資訊。產品的來源可能就說明了它的品質。

還有一項常會缺少的資訊，就是包裝的說明。對想建構無塑生活的人來說，包材是否有個塑膠覆蓋的透明開口、或是否

使用 PVC 泡殼包裝是非常重要的，如果上面沒有標示，那就問吧，零售商會因此知道這一點的重要性，需要加到網站上的產品資訊中。

如果結帳時可以寫備註，記得要求不要塑膠包裝。負責包裝的人通常會讀一下消費者的備註，盡量滿足消費者的要求。不幸的是，儘管他們盡了極大努力在出貨時不要有塑膠，你的包裹上可能還是會有塑膠膠帶，線上購物網站很少會使用紙膠帶或纖維素膠帶。

接下來我們要嘗試對特定家用品和居家區域做出特定改變，讓這些基本訣竅深植在你腦海中是很有幫助的。我們會從個人護理產品開始思考，這些日常用品會以最密切的方式影響我們生活中的許多層面。

【個人護理產品】

看看你的浴室，你可能會使用以下這些個人護理產品：洗髮精、護髮乳、潤絲精、髮膠、定型噴霧、體香劑、洗手皂、化妝品、牙刷、牙膏、牙線、漱口水、刮鬍刀、刮鬍泡沫、鬍後水、及女性衛生用品。有很多塑膠，對吧？個人護理這個領域很難避免塑膠包裝，但卻值得努力，不只是為了減少包裝的廢棄物，也是為了避免接觸到大多數主流商業個人護理產品中常見的大量合成化學物質。

有兩個不錯的方法可以避免或減少個人護理產品中的塑膠，那就是攜帶你的可重複使用容器到量販店去大量購買，或是自己製作。近年來，自己製作護理產品再簡單也不過，市面上有許多配方可用，只要迅速在 Google 或 Pinterest 上搜尋「自製」或「DIY」之類的關鍵字和你想要做的品項就可以找到很多資料。此外，天然及健康的成份很容易大量取得——像是烘焙用小蘇打、玉米澱粉和精油等，你還可以把自己做的用品存放在可重複使用的玻璃罐或馬口鐵罐裡。

肥皂

我們家中的兩間浴室裡一直都有天然肥皂可用，其中許多是禮物或樣品，或者是我們從當地的周六農夫市集購得。在這裡我們可以買到富含乳霜、可愛的山羊乳皂。

肥皂是非常好的選項，因為它們可以代替各種個人護理產品：液體洗手皂、沐浴露和沐浴凝膠、洗髮精和刮鬍膏。如果在當地市場購買或使用紙質包裝，就可以完全不塑。有一種好用又常見的肥皂，就是卡斯特亞橄欖皂（castile soap，編註：名稱來自西班牙卡斯特亞。與馬賽皂、阿勒坡皂類似，都是以橄欖油為基底成份的皂）。與市售的量產肥皂相比，它的 pH 值較低，因此非常適合敏感性肌膚（例如嬰兒），並且幾乎可用於所有的清潔任務。

如果你比較喜歡液體皂，製造自己的肥皂其實並不難，而

且會省下大量的金錢和塑膠。三・八公升頂級液態卡斯提亞橄欖皂的價格約為六十美元，還會配有一個很大的塑膠容器。或者你可以購買一些使用紙類包材的橄欖皂，平均每條價格不超過五美元，自己回家做出同樣體積的液體皂。

你可以這麼做：

- 使用標準型的乳酪刨絲器，磨出約一杯半（約一百八十克）的橄欖皂屑。
- 把三・八公升熱的自來水（*或者你可以在爐子上把水煮沸*）加入一個大的湯鍋或桶子裡（*最好是金屬，因為我們的目標是不含塑膠*）。
- 將磨碎的肥皂與熱水混合在一起，攪拌到溶解。
- 擱置一夜。
- 第二天早上它會變成濃稠的膠狀，使用浸泡式攪拌器再次攪拌。
- 把成品放到三・八公升的罐子裡，或放入可重複使用的壓式分配器（*編註：壓一次出一定量的分配瓶*）中，以便分裝使用。

你可以使用手邊任何類型皂條來製作對應的液體肥皂，甚至可以把所有的皂片和皂塊收集起來，用它們製作出獨一無二的混和液體皂。它可能不像商店購買的那麼光滑或純淨，但它還是很好用，可以洗手、洗盤子，進行整間房子的清潔工作。

如果你還是決定購買液體皂，無論是散裝還是瓶裝，請盡量避免使用含有抗菌劑的產品，因為它們可能含有會干擾內分泌的防腐劑和抗菌劑三氯沙（triclosan）。另外還要注意十二烷基聚氯乙醚硫酸鈉（sodium laureth sulphale，簡稱 SLS），它常會被致癌的 1,4- 二噁烷（1,4-dioxane）汙染。最後要注意的毒物是，還記得之前我們提過會干擾內分泌的鄰苯二甲酸酯？如果你看到「香」這個字，往往就是告訴你：你要買的這些產品，很可能就含有鄰苯二甲酸酯的化學混合物。

洗髮精

和肥皂一樣，市面上也可以找到洗髮皂和護髮皂，是特別用於頭髮清潔的配方。覺得不習慣用皂洗髮嗎？其實你只需像平常使用肥皂一樣將它放在手上打濕，再像平常一樣將其塗抹在頭髮上，之後再像平常一樣洗掉泡沫。或者你可以用肥皂直接在頭髮和頭皮上搓揉──用任何適合你的方式都可以。如果在市場或天然產品商店的散貨區買到，它們通常用紙裝著、或根本沒有包裝。

若是你真的比較喜歡液體洗髮精，那就試試在你家附近的無包裝商店買，在那裡你可以自己攜帶可重複使用的容器（像是梅森罐），裝滿可散裝購買的液體洗髮精。如果他們只有一種標準的無香洗髮精，而你喜歡自己的頭髮聞起來像是一整片春天的花朵，不要害怕，就加幾滴你喜歡的精油，比如薰衣草，玫瑰和洋甘菊……

「No Poo」是什麼？

不，其實跟排便一點關係也沒有，「No Poo」指的是不使用傳統量產洗髮精。「No Poo」頭髮護理方法（www.nopoomethod.com）是指不用洗髮精的健康頭髮清潔運動。這個作法有點強硬，但可能剛好適合你，當然，它消除了人們對裝在塑膠瓶裡的傳統洗髮精的需求。

主張「No Poo」的人這樣認為：每天洗頭，特別是使用化學合成的洗髮精，會去除頭髮上的天然油脂，還會破壞頭髮本身。「No Poo」主張較為溫和的清潔，比如以下方式：

- 用烘焙用小蘇打洗髮：先用小蘇打和水混合在一起洗頭。你可以將它弄成糊狀並用手做頭皮按摩，或者將一湯匙（十五毫升）的小蘇打和一杯（兩百三十七毫升）水混合在一起，倒在你的頭上，然後開始清洗你的頭髮和頭皮，直到感覺滑順為止。因為沒有皂基，它不會起泡。洗好之後，用溫水沖掉就可以了。
- 用蘋果醋（apple cider vinegar，ACV）潤絲：用蘋果醋和著水混合沖洗。大約四分之一杯（五十九毫升）蘋果醋（或是你可能比較愛用白醋）加入一杯（兩百三十七毫升）溫水，把它倒在你的頭上（記得閉上眼睛！）並按摩，然後用溫水進行最後的沖洗。醋的氣味很快就會消失，你可以在醋水中加入幾滴你喜歡的精油，加速沖淡醋的味道。

可能需要幾週的時間讓頭髮習慣這樣的洗頭方式，最初看起來會比平常更加油膩，但最終你的頭髮應該會看起來、感覺起來茂盛而健康。「我的無塑生活」的貝絲多年來一直用這個方法洗頭，並取得了絕佳的成果。為了減輕負擔，她會事先將兩樣東西都準備好，將它們放在淋浴間中（拿來裝盛的的瓶子原來是運動水壺）。

皮膚護理

我們自己製造了許多椰子油護膚霜作為傳統乳液的天然無塑替代品。它們非常容易製作，你只需要兩種成分和加熱：

- 在爐子上加熱椰子油直到融化。
- 添加幾滴你最喜歡的精油。
- 讓它冷卻，然後你就可以使用了。

有些人比較喜歡、且非常相信橄欖油，他們只使用這種油，而橄欖油可直接用在皮膚上，或加入精油使用。這些乳液的缺點在於它們是油性的，需要一點時間才能被皮膚吸收，當你將油塗抹在全身時，如果還沒有被完全吸收，可能會弄髒衣服。對我們這些生活在冬季漫長、寒冷、乾燥，會使皮膚乾燥的人來說，這不是個問題，因為這些油很快就會被皮膚吸收，但在其他地區，這仍然是需要考慮的問題。

通常在健康食品商店都可以買到散裝的護膚乳液，你可

以攜帶自己的可重複使用容器（可用改變用途的壓瓶或梅森罐）去買。請務必檢查標籤，以便了解你買到的產品，並避免有害的合成成分，如維他命 A 化合物（視黃醇棕櫚酸酯，視黃醇乙酸酯和視黃醇）。雖然維他命 A 是一種必需的營養素，但這類化合物也會增加皮膚的敏感度，尤其是暴露在陽光下的時候。

體香劑／止汗劑

　　體香劑是很個人的，沒有哪一種無塑體香劑可以適用所有人。有些人深信只需要撲上純小蘇打粉就好，或者也可加入一些精油；有些人則覺得這樣會太過刺激皮膚，而且白色粉末的痕跡太明顯，穿上無袖襯衫時可能被看到。如果你想走小蘇打路線，但發現它很癢，可以試著添加一些玉米澱粉，這可以消除刺激。如果你的皮膚超級敏感，玉米澱粉沒有幫助，請試著換成一些葛粉。

　　網路上有很多的自製體香劑配方，通常有幾個基本成分：基底油、小蘇打，玉米澱粉和精油。我們已經看過、也比較喜歡的體香劑配方是 Treehugger 網站上由凱薩琳·瑪丁格（Katherine Martinko）所提供，並添加了乳油木果脂，這跟一般的做法似乎有點差別。內容大概是這樣：

- 三湯匙（四十四毫升）初榨椰子油
- 二湯匙（三十毫升）乳油木果脂
- 三湯匙（四十四毫升）小蘇打
- 二湯匙（三十毫升）玉米澱粉

●五滴自選精油（如薰衣草，鼠尾草，檸檬，金銀花）

把水倒入燉鍋中，隔水加熱（你可以在一鍋水中放進一個梅森罐，製成簡單的隔水加熱裝置）。將椰子油和乳油木果脂加入罐中，讓它們融化。關掉火並加入小蘇打和玉米澱粉，然後攪拌直到所有東西都混合成光滑的乳霜狀。混入你選擇的精油或油，讓混合物放涼直到變硬（只要室溫低於攝氏二十四度就會冷卻硬化）使用時只需用手指挖一點（約一茶匙、五毫升），在腋下揉開，它會被你的體溫完全融化，皮膚就可以吸收。如果你不喜歡用手塗抹，可以把它倒到一個舊的體香劑瓶子裡。

請記住，我們在這裡談的是體香劑，它可以殺死那些來自身體、會產生氣味的細菌。常見的合成止汗劑通常含有可能有毒性的鋁基化合物，會暫時阻塞毛孔以防止出汗；商店購買的止汗藥也可能含有會干擾內分泌的對羥基苯甲酸酯和三氯沙。

化妝品

你必須好好思考自己最需要的是哪些東西，才能開始在這一塊進行減塑。儘管有少數幾個品牌使用玻璃或金屬容器，但大多數化妝品容器還是塑膠做的。不過就像我們在前面提到的，你可以採取 DIY 模式，網路上的許多配方可以協助你做出自己的化妝品（請參閱附錄章節的個人護理產品）。

化妝品值得考慮自製和使用天然原料，不僅是因為能夠有效地減少塑膠包裝，還因為市售化妝品中使用大量有毒合成化學物質。你可以在 Campaign for Safe Chemicals 網站上了解更多這些化學品的資訊。

Campaign for Safe Chemicals：🌐 www.safecosmetics. org/get-the-facts/chemicals-of-concern/。

女性衛生用品

　　對大多數的女性來說，每個月都有一段時間，很有機會能減少自己製造的拋棄式塑膠垃圾並避免與危險合成化學物質接觸。如果妳選擇不使用合成性拋棄式衛生護墊和棉條，不僅會減少垃圾掩埋場裡的廢棄物（一般女性在有生之年平均將使用大約一萬六千八個衛生護墊和棉條），也可以減少接觸可能存在於合成護墊和棉條中的許多有毒化學物質。

　　大多數護墊和棉條是由漂白過的棉、黏膠纖維嫘縈（viscose rayon）或兩者組合製成。黏膠纖維嫘縈是由木漿提煉出來的纖維素製成的半合成聚合物。你會說：木漿？聽起來不錯。但是等等，纖維素和棉花都使用會產生戴奧辛的氯來漂白，而讓人致癌的戴奧辛是世上最毒的化學物質之一。纖維素和棉花中也可能殘留。

　　還不只這樣。這些產品的表現會這麼有效，是因為它們通常還包含條狀的高吸水性的聚合物（super absorbent polymer，簡稱 SAP，這是塑膠，尤其是指丙烯酸樹脂）、帶有介面活性劑的合成

凝膠、以及聚乙烯乾燥編織的塑膠背襯（唉，更多塑膠）。這些化學成分可能對健康和環境造成的影響一直是爭議的主題，但以下就有一些與女性護理產品相關的潛在健康危害：過敏性皮疹、子宮內膜異位症、不孕症、子宮頸癌、卵巢癌、乳癌、免疫系統缺陷、骨盆腔炎和中毒性休克症候群。

那麼，對於你和環境來說，更安全的選擇是什麼？

- 可重複使用的衛生棉和護墊：在一般線上商店和健康食品商店均可購得，可以反覆使用和清洗，如果妥善使用，甚至能期待它們能被使用三到五年。只要搜索「布衛生棉」，就能在 Etsy 上找到大量的美麗手作品。你說手邊就有一件舊有機棉法蘭絨襯衫？只要用 Google 搜索「DIY 布衛生棉」，就能輕鬆找到如何用簡單的方法製作自己的衛生棉和護墊。

- 可重複使用的針織棉條：說真的，已經有了，只要在 Etsy 或 Google 搜尋就好。有用竹纖和棉製成的手工鉤編產品——竹纖織物的吸水性顯然比棉織物更強，但如果有夠多的選擇，最好選擇有機材質，避免使用化學加工過的纖維。

- 一個可重複使用的月亮杯：越來越多的女性使用這些有彈性的小杯子，將它們放置在陰道內，裝滿經血，然後你可以將它清空，輕輕地用肥皂清洗並重新置入。是的，我們對於將矽膠或天然橡膠放入身體內敏感的

吸收部位持保留態度（請參閱我們在前文對矽膠採取的措施），但它比有毒的棉條更安全，另外如果是以高品質醫療級矽膠或天然橡膠製作，它會非常穩定。月亮杯在減少廢棄物的效果很顯著，而且健康風險極小。不過如果你懷疑自己可能對橡膠乳膠過敏，請絕對要選擇矽膠材質。

- 衛生海綿：完全自然的選擇。這些可再生的，可持續取得的海綿來自它們成群生長的海洋。它們的使用方式與傳統衛生棉條相同，只是可以重複使用。

- 可用於堆肥的衛生用品：如果可重複使用的路線不適合您，請考慮選擇可用於堆肥的有機衛生棉、護墊和衛生棉條。有些品牌供應商能夠提供不含化石燃料塑膠和有毒化學物質（如戴奧辛）的產品。他們可能有或沒有紙盒包裝，所以可選沒有的，盡量減少浪費。

選用可重複使用的用品還有一個好處，就是可以省下很多錢。是的，你得要清洗這些可重複使用的衛生棉、護墊和衛生棉條，但想想看，你有好幾年的時間再也不用採買這些東西！有關這些選項的建議，請參閱參考附錄的「女性衛生」項目。

刮鬍和除毛

對於不想使用拋棄式刀片或刀片匣的人來說，我們有一些比較「不塑」的推薦：

- 安全剃刀：這是帶有可拆卸雙面鋼刀片的舊式金屬剃刀。

現在很容易就能在網路上找到，時尚的現代款式或復古款式都有。如果你隨身攜帶這樣的剃刀去旅行，則必須取下刀片並檢查行李，或在目的地購買新的刀片。如果被替換下來的刀片需要回收，最好的回收辦法是洽詢在地的回收點。如果是機械加工的刀片，你可以和其他金屬一起回收。每次使用後保持乾燥可以延長刀片的壽命，購買散裝刀片也可節省包裝。

● 電動剃刀：是的，電動剃刀會用到電力。但它不會製造塑膠垃圾，不用買刀片來換。如果品質夠好，幾乎可以用一輩子。

● 直式剃刀：根據刮鬍專家的說法，最貼近我們需求的剃刀就是直式剃刀。這是一種完全無塑、可長期重複使用的工具。需要學習如何使用，也需要定期磨利剃刀以獲得最佳效果。必須確保剃刀不會被小孩拿去玩。我要再次強調：這是一種非常鋒利危險的個人護理工具。

● 鑷子：非常適用於眉毛和鬍鬚，並且完全無塑，但這種方法對於整條腿、鬍鬚或腋下來說可能很耗時又疼痛。但是撐過這些疼痛能獲得的好處是，能有效延遲毛髮長回來的時間。

女性的特殊情況：

● 天然熱蠟除毛和糖膏除毛（sugaring）：大多數市售蠟是由石油衍生的石蠟製成，但也有一些蜂蠟和樹脂的衍生產品，所以如果你正在尋找脫毛用蠟，請務必

189

閱讀標籤並儘量減少包裝。你可能要問,什麼是糖膏除毛?這項自然的除毛技術可追溯到古埃及,你可以自己調配,只需用上糖、水和檸檬汁就可以了。

● 雷射除毛和電解除毛:這裡說的是永久性的除毛。如果你喜歡,而且預算足夠(這幾種方法都很貴),這是一種可以免除熱蠟除毛產品所產生的塑膠包裝的好方法。

那麼刮鬍膏和刮鬍油呢?

現在要避免使用加壓罐人工合成的刮鬍泡或凝膠的非常容易,從包裝的角度來看,這類產品非常浪費,並含有許多石油衍生成分、化學香氛(記住:標籤上的「香味」可能意味著含有鄰苯二甲酸酯)和滲透促進劑,這會讓這類產品更深入你的皮膚。

比較好的選擇是用刮鬍刷或海綿塗抹上簡單、天然、有機的刮鬍皂。記得那些舊式的刮鬍刷嗎?它們仍然很容易購得,而且效果絕佳,男女適用。刮鬍皂可以放在一個小碗裡,先用溫水潤濕刷子,在肥皂上用打圈的方式刷出泡沫。選購刷子時,我們覺得豬鬃刷比一般的獾毛刷更好,因為它們取得的來源比較符合倫理,而我們目前並沒有植物來源的無塑選項。

大多數人通常只考慮使用刮鬍膏、肥皂和凝膠,但刮鬍油也很好用,並且可有效避免剃刀造成的灼熱感,以及最大限度減少傷口。購買時,確保你買的是天然油(有一些產品含有其他人工合成成分),有機植物油:荷荷巴油、橄欖油、葡萄籽油或椰子

油都很好用。

另外，你也可以在本書最後的附錄章節，剃毛工具的項目找到剃毛相關的產品。

【牙刷、牙膏和牙線】

刷牙和用牙線清潔牙齒是個人身體護理儀式中最親密深入身體的。刷子和牙線正好在你的嘴裡——通向身體其他部位（包括血流和器官）的敏感入口。不僅如此，在這個溫暖的酸性空間，你會使用牙刷和牙線反覆摩擦堅硬、尖銳的琺瑯質牙齒、在牙齒上施加壓力。你真的想在這樣一個容易使化學物質溶出的環境中使用塑膠嗎？

牙刷

在無塑牙刷這個領域，問題在於要在你的價值觀和你最重視的問題之間取得一個平衡。我們只知道一種完全無塑的可用於堆肥的牙刷，這種牙刷的握柄使用永續的山毛櫸木，刷毛由滅過菌的豬毛製成。這是支好牙刷——我們這樣說，不是因為自家店裡有在出售這項商品，而是因為我們已經使用多年，但如果你在尋找的是符合素食主義規範（非動物產品）的牙刷，這不會是你的選擇，你還是得接受牙刷刷毛裡有塑膠。

最好的植物刷是由「竹刷」（Brush with Bamboo）製作，這種牙刷具備可生物降解的有機竹柄和生物基底的刷毛；這種

刷毛含六二％美國生產的蓖麻子油，和三八％的尼龍。所有的包
裝都可生物降解，並且可以在商用設施中製成堆肥。

我們目前所知完全植物性的牙齒護理，是使用樹上的樹枝；
但不是所有樹都可以，某些樹木，如印度楝樹，具有優異的抗菌
性能，可以防止牙齒產生牙菌斑。有多種的木材可被用來製作這
種「咀嚼棒」，這個東西最早可追溯到公元前三五〇〇年的巴比
倫。在非洲、中東和整個亞洲，這種叫 miswak 的咀嚼棒多半來自
刺茉樹（Salvadora persica）；在北美，可使用在地的樹種如：紅
色山茱萸（Cornus Sericea）、橄欖樹、楓香樹和核桃樹。你可以
這麼做：

- 在棍子的一端剝皮或稍微削下一點樹皮。
- 咀嚼內層木材，把木漿纖維咬開，基本上要做出一個小刷子。
- 輕輕地用這些充滿木漿的刷毛去刷你的牙齒和牙齦線（編
  註：牙齒和牙齦的交界），不需要牙膏！
- 完成後，切斷使用過已磨損的部分，以備下次使用。

小心塑膠包裝！這樣的咀嚼棒可能會用塑膠包裝，因此如果
是向網路商家訂購，請務必先詢問它們的包裝方式。

此外，我們還是可以買到各種各樣的「環保」牙刷。各有優
點缺點：使用竹柄及一〇〇％尼龍刷毛的牙刷、使用再生塑膠且
可再次回收（降階回收，製成較次要的產品）的牙刷；可更換刷

頭的牙刷也可減少塑膠浪費，因為你會繼續使用相同的塑膠
柄。同樣地，它們仍然可能使用塑膠包裝。

我們在附錄章節牙科護理的部分列出了一些可用的選項，
希望能幫上你的忙。

牙膏

塑膠製的牙膏管通常不能回收，而且自己製作牙膏其實非
常容易。以下是我們所知道最簡單的基本配方：

- 一湯匙（十五毫升）小蘇打
- 一湯匙（十五毫升）椰子油

將小蘇打和椰子油混合在一個小玻璃瓶中。當你要刷牙
時，放一些在勺子上，加入足夠的水，將其攪拌成糊狀；你可
以用牙刷去攪拌，混勻後取一些放在牙刷上。

這樣就完成了。混合小蘇打和椰子油後，你可能會想加入
幾滴你喜歡的精油（一些建議：肉桂、丁香、檸檬、薄荷、橘
子、胡椒薄荷、鼠尾草和香草），不想加精油的話，可以直接
添加鼠尾草、香草葉、檸檬皮、橙皮、或研磨過的丁香、小茴
香或茴香。如果味道太苦太鹹，可以加入一些甜菊糖或木糖醇
使其變甜。

如果你喜歡潔牙粉勝過牙膏，只需要去除上述配方中的椰

子油（可能需要會添加更多的甜菊糖或木糖醇，以減少小蘇打的鹹味）就可以了，而且你仍然可以加入一些研磨過的「調味料」來增加味道，令口氣更清新。

不喜歡 DIY 牙膏或牙粉？你還是可以在店頭買到很棒的產品或小量手工製作的產品（想想 Etsy）。在我們這裡的農夫市集和手工藝品店，我們常常可以找到完全天然、充滿愛心的手工牙粉和牙膏。英國著名品牌嵐舒（Lush）提供一系列的牙粉和潔牙錠（Toothy Tabs），這是一種藥丸大小的錠片，可以牙齒之間咀嚼，然後開始用濕牙刷刷牙，它的包裝是可回收的紙板做的。

牙線

當你把那些塑膠線卡在牙齒之間，看著它在齒縫中磨來磨去時，你正見證著尼龍塑膠微粒誕生的過程，這些微粒一部分可能會被你吞下去，另一些則會在你漱洗和吐出時流進下水道。此外，塑膠牙線在廢物流中是非常危險的，它體積小、重量輕，容易從廢棄物管理系統漏出（waste stream）流入環境。在環境中，它的強度和長度會把野生動物勒死或嗆死。事實上，用過的牙線不該用馬桶沖走，因為可能會對排水系統造成嚴重破壞，或者最終穿過排水系統進入河道。

大多數市售牙線是由尼龍製成，並包裝在硬塑膠容器中。這些容器通常會使用品質較高的塑膠（如聚丙烯），但仍是種巨大的浪費，因為這些容器通常會在使用幾週後直接進入垃圾掩埋場。

目前，唯一無塑牙線的選擇是絲，天然絲線塗上蜂蠟或植物基底的小燭樹蠟，包裝在金屬或玻璃容器裡（他們可能有一個小的塑膠密封貼紙，你第一次打開時要撕掉）。而零廢棄之家（Zero Waste Home）的貝亞・強森建議，可剪解開一塊有機絲織物，並將兩條線纏繞在一起，做成自家可用於堆肥的牙線。本書最後的附錄章節裡，在牙科護理的項目中列出了各類可用選項。

【 閱讀個人護理產品的標籤 】

就使用個人護理產品來說，閱讀標籤特別重要，因為我們日常使用的產品中可能潛伏了一些塑膠。

許多洗髮精、護髮乳、肥皂、身體磨砂膏及其他個人護理產品可能會使用各種人工合成、可能有毒的成分。環境工作組織（Environmental Working Group，簡稱 EWG）的「消費者指南」提供了很棒的資訊，可以幫助你更加了解這類產品中含有的毒物。比如說，它們針對化妝品、防曬產品和家庭清潔產品有極佳的說明（ ⊕ www.ewg.org/consumerguides）。此外，環境工作組織針對更安全的個人護理產品設計的深層肌膚（Skin Deep）資料庫，也提供了許多資訊及建議（ ⊕ www.ewg.org/skindeep）。

我們開始看到更多針對個人護理產品的第三方認證，這些認證在你分析標籤時會很有幫助。認證的好處就在於它們能將證明的責任從消費者身上轉移到製造商身上，過去消費者得仔

細檢查產品成分是否含有毒物，如今是生產者得主動告知它的產品是無毒的，並且提出證明。只有在認證機構驗證製造商的宣告屬實之後，它們才可以在產品包裝上使用特定的標籤。在接下來的章節裡，我們會談到你該找哪些個人護理產品的標誌。

🌐 環境工作組織（EWG）：www.ewg.org/consumerguides

可尋找這標誌：安全、環保的 個人護理產品之第三方認證

據點在荷蘭的塑膠濃湯基金會和北海基金會，他們創造了「內含零塑膠」（Zero Plastic Inside）認證和標籤，是世界首見特別針對塑膠的認證。宣稱且驗證確認它們的產品百分之百無塑的製造商可以在包裝上使用「內含零塑膠」的標誌。

🌐 www. beatthemicrobead.org/en/ look-for-the-zero

環境工作組織（**EWG**）的目標是要讓該組織「EWG Verified」的規範成為健康與保健空間的黃金標準。如果要使用這個標誌，製造商必須符合 EWG 嚴格的標準，包括安全的成分和良好的製造程序，並確保它們的產品有適度的保護，沒有受到汙染。

🌐 www. ewg.org/ewgverified

　　法國國際生態認證中心（Ecocert）是位於法國的檢驗及認證機構，專門針對天然與有機化妝品、清潔產品、家庭香氛、油漆及天然塗裝的制定標準與進行認證。針對化妝品，法國國際生態認證中心的認證要求所有成分的九五％必須使用天然來源，也會考慮產品包裝是否可生物降解及回收。

🌐 www.ecocert.com/en

【 塑膠微珠大驚奇：用塑膠刷洗及磨砂 】

　　二〇一三年，德州的部落客及牙科衛專家特里絲·沃爾文（Trish Walraven）在為父母清潔牙齒時，在他們的牙齦間看到卡在其中的微小藍色碎片，看起來很像塑膠。她有點困惑，直到她聯想到，這些藍色斑點來自她父母使用的牙膏，而且她還懷疑這些斑點其實是塑膠。

　　同時她訝異且震驚地發現，自己家裡就有一些可能有添加塑膠的牙膏，這些牙膏是她年輕的女兒挑選且使用的。特里絲帶上了科學的好奇心，想找出這些微小顆粒到底是什麼，她進行了一些實驗，測試這些藍色小點在去光水（丙酮）或消毒用酒精異丙醇中放置一晚後，是否會溶解。**沒有**。她很確定它們是塑膠。尤其她還發現，它們是常見的塑膠，一般稱為聚乙烯。她在 Crest 牙膏品牌的網站上查找聚乙烯，發現網站說聚乙烯是一種「安全、無活性的成份，用於顯示顏色」。

特里絲在一篇標題為<Crest 牙膏將塑膠嵌進我們的牙齦裡>的部落格文章中寫下她的發現，這篇文章很快就流傳開來。Crest 牙膏的製造商寶僑公司（Procter & Gamble，P&G）宣稱現在已去除該公司牙膏中的塑膠成分，但特里絲的文章仍為那些仍在牙膏及牙齒間看到塑膠顆粒的人及牙科專業人士提出令人不安的證言。多虧她的好奇、堅持與憤慨，特里絲的努力對逐漸開花、主張禁止在個人護理產品中使用塑膠的全球運動提供了相當大的助力。

這些塑膠微粒常被視為塑膠微珠，它們是一種最有害、有毒且在全世界造成汙染的惡性含塑產品設計。合成塑膠的微小碎片一般是用聚乙烯或聚丙烯製成，它們會作為著色劑、磨劑及磨料，被添加到各種個人護理產品中——包含牙膏、洗面乳、沐浴乳、肥皂、甚至刮鬍泡等各種產品。比如說，單單一條嬌生公司（Johnson & Johnson）製造的「可伶可俐」（Clean & Clear）磨砂洗面乳就含有三十三萬顆以上的塑膠微珠。在某些產品中（像是特里絲的牙膏），你甚至用肉眼就能看到產品中的塑膠微珠。

你還可以做一個簡單的小實驗來凸顯它們——把含有塑膠微珠的產品擠進一杯水裡，稍微攪拌讓產品散開，接著慢慢地把水倒在白色 T 恤上，你看到的所有有顏色的小顆粒都是塑膠微珠。當你用磨砂洗面乳進行實驗時，可以用黑色 T 恤，因為這類洗面乳中的多數塑膠微珠都是透明或白色的，在黑色 T 恤上會看起來就是小小的白色顆粒。

【為什麼塑膠微粒會是問題？】

這些塑膠微珠尺寸一般小於一公厘（大約是一粒沙的大小），製造商的用意是希望它們可以直接沖進排水管。這些微珠有很多大問題，只要快速檢視一批典型塑膠微珠的生命週期，就能說明為什麼。

當你將含有塑膠微珠的牙膏從嘴巴漱出來的時候（有一部分會被卡在你的牙齒和牙齦上、或是被你吞下去），它會沿著水槽的水管向下沖。沒錯，沖走之後立刻看不見。但是當然，並不是真正沖「走」。一般來說，塑膠微珠的粒子太小，小到傳統的公共污水處理設備無法攔截它們，因此會溜過過濾系統，直接排進河流、湖泊，最後流進海洋裡。光是紐約州，每年就有將近十七公噸的塑膠微珠進入下水道。

這就是嚴重問題的開端。最新的研究已經顯示，淡水水域（例如五大湖區），以及世界上的五大主要海洋系統已出現數以萬億計的塑膠微珠，對，以萬億計。

接下來的問題是，塑膠微珠會像小海綿一樣，吸收周遭水域中既存的有害毒物，這類毒物可能包含石油產物和放射性廢棄物，以及各種持久的有機汙染物，像是殺蟲劑、DDT、多氯聯苯（PCB）和阻燃劑。另一個更嚴重的問題是，塑膠微珠很像小顆的蛋或食物的碎屑，會被魚類、鳥類和其他水生野生動物吞吃，它們因此滲透進入食物鏈。學者估計，海洋

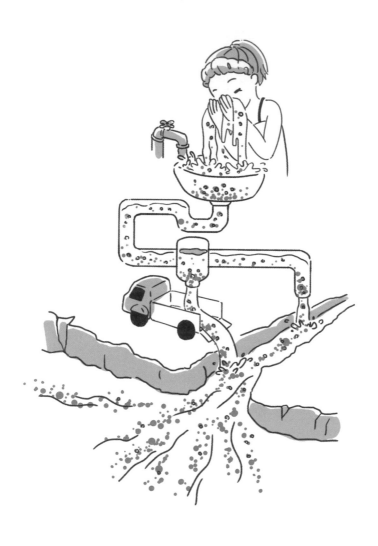

毒流：個人護理產品中的塑膠微粒透過浴室水槽流進全球水域中

中單一塑膠微珠粒子的毒性，可能比它周遭的水高上百萬倍。最終塑膠微珠會到達食物鏈的頂端，就是我們人類，到了這個階段，塑膠微珠跟動物的皮下組織中的毒物都會高度濃縮。接著我們會把魚類吃下肚，渾然不知我們可能正吃下一頓有毒的自助餐。

微珠禁令的現在進行式！

　　海洋科學家及環境團體（如五大環流研究所）花費數年時間，收集水域中塑膠微珠汙染的數據，並努力遊說禁用塑膠微珠。二〇一五年十二月，美國通過《無微粒水域法》（Microbead-Free Waters Act），禁止在個人護理產品中添加微珠，該法案將於二〇一八年到二〇一九年生效。此外，加拿大也已把微珠增加到《加拿大環境保護法》（Canadian Environmental Protection Act）的毒物清單中，並在化妝品法規中研擬了一份微珠規範，限制在個人護理產品中使用微珠。這項禁令將花數年的時間分階段進行，好給企業時間更換成不含微珠的產品。在這類禁令完全實施前，數萬億計的微珠將繼續被沖入下水道，進入到環境中。結果：我們還是有數萬億個理由從今往後避免使用含有微珠的產品。

【微珠是否有替代品？】

　　肯定會有替代方案。這個故事最諷刺的地方在於，其實有

很多無毒、能夠便利取得、來源天然且環保的替代品，可以取代微珠。而且，這些天然替代品在磨砂、去除灰塵及死皮細胞方面效果更好，因為它們比圓圓的微珠粗糙。這許多微珠的替代品包括海鹽、研磨過的咖啡豆、椰子殼、杏仁殼、胡桃殼、壓碎的可可豆、海藻及柑橘皮。

微珠基本上是個人護理產品中便宜的填料。就作為磨料的用途來說，它們天生就沒有天然的替代品那麼有效，人們因此會更加頻繁地使用產品（也因此為製造商帶來更多銷量）。在微珠汙染受到矚目並促使政府採取行動將它們從消費產品中移除之前，實在沒什麼誘因讓製造商使用其他產品替代微珠——儘管他們自始至終都知道微珠會被沖進下水道。

儘管許多製造商已經承諾會去除他們產品中的微粒，但由於大多數淘汰計劃會耗費數年的時間分段進行（加拿大和美國的立法直到二〇一八年～二〇一九年才會生效），我們最好還是從現在開始就避免使用含微粒的產品。

以下是最常用於製造個人護理產品中微粒的塑膠材料：

- 聚乙烯
- 聚（甲基丙烯酸甲酯）
- 聚四氟乙烯
- 聚丙烯

- 尼龍
- 聚對苯二甲酸乙二酯

如果你在成分標籤上看到以上的任何材料，就可以確定該產品含有塑膠微粒。「打敗微粒」（Beat The Microbead）這個國際性抗化妝品微粒行動整理出一張全面且定期更新的清單，按國家列出整理的含微粒和無微粒的產品，還有可以免費下載的 APP。這個 APP 是很便捷的資源，可以下載到你的手機裡，在購買個人護理產品時就可以使用。

🌐 清單：www.beatthemicrobead.org/en/product-lists

🌐 APP 下載：get.beatthemicrobead.org

【製作自己的磨砂膏！】

當然，要避免使用塑膠包裝並確保自家使用的個人護理產品對你、你的家人和環境都很安全，最好的方法之一，就是使用天然成分自己製作。

以下是林賽・庫爾特（Lindsay Coulter）和大衛・鈴木（Davud Suzki）的網站「綠色女王」（Queen of Green）上面記錄的兩種只使用了兩種成分的超簡單身體磨砂膏：

簡易洗面乳

① 二茶匙（十毫升）糖（精糖）

❷ 一湯匙（十五毫升）橄欖油

把配料攪拌在一起。 塗抹在你的臉上，再用溫布擦去。
請勿塗抹在嘴巴和眼睛周圍的敏感皮膚。

草莓磨砂膏

❶ **兩顆大顆、成熟的有機草莓**
❷ **兩湯匙（十一克）磨細的燕麥片**（使用咖啡研磨機）

搗碎草莓並混入磨碎的燕麥。塗在你的臉上，靜置十五至二十
分鐘之後用溫布擦去。草莓種子有去角質的功效！ 在冰箱中可以
存放一到兩週。

以下則是由五大環流研究所提供，令人精神煥發的咖啡磨砂膏：

咖啡磨砂膏

❶ 1/3 杯（七十九毫升）**椰子油**（保濕並軟化皮膚）
❷ 1/2 杯（四十五克）**咖啡粉**（抗發炎並促進循環）
❸ 1/4 杯（二十三克）**糖**（試試椰糖或未精製的黑糖，具有天
　然的去角質和保濕功效）
❹ 1 茶匙**香草精**（舒緩並令人放鬆的天然香味）

將椰子油倒進小鍋裡，在爐子上用中火融化，一融化就將它
從熱源上移走。使用咖啡研磨機將新鮮的咖啡豆磨到中等偏細（或
測量預先研磨的顆粒）。將融化的椰子油、磨碎的咖啡、糖和香
草萃取物拌在一起，放進有蓋子的小型玻璃容器中。使用方法與

一般市面上賣的磨砂膏一樣：塗抹上去，輕輕磨砂，最後沖洗。

▍清潔

　　清潔用品充滿了大量的塑膠，無論是施威拂（Swiffer）拖把、擦洗海綿還是一般家中櫥櫃中的無數清潔劑和噴霧劑，清潔用品都含有塑膠。關於清潔劑，記住這個一般性規則：固體清潔劑比液體清潔劑更容易找到無塑包裝。這是因為液體不能用紙之類可用於堆肥的材料來包裝，但粉狀的固體可以。要避免清潔用品中出現塑膠的基本方法之一，就是不要用塑膠包裝的液體清潔劑，改用紙盒包裝的粉末清潔劑。當然，要在清潔程序去除塑膠還有個更基本的方法，就是製作自己的清潔用品。

【自己製作】

　　我們往往會從產品標籤來尋找想要的清潔工作的產品，例如「馬桶清潔劑」、「微波爐清潔噴霧」或「陶瓷爐頭清潔劑」。事實上，只要用一些基本的簡單成分就能清潔你家裡的所有東西，從廁所到微波爐都可以。你只需要儲存隨手可得的便宜白醋、烘焙用小蘇打和硼砂（最後兩個物品很容易找到紙盒包裝的），也許再準備一些精油，以便為混合物添加清新宜人的氣味。我們有一些標準組合，可以讓你清理房子裡的所有東西。

　　白醋幾乎都是放在塑膠瓶裡販售，所以購買時，買你能找

	水	白醋	烘焙用小蘇打	硼砂	使用說明
多用途清潔劑	1 杯 (237 ml)	3 杯 (710ml)			混合均勻,噴在表面上,擦拭乾淨
多用途消毒劑	3 杯 (710 ml) 熱水			3 茶匙 (13 g)	混合均勻,噴在表面上,擦拭乾淨
微波爐清潔劑	1 杯 (237 ml)	1/4 杯 (60 ml)			混合均勻,噴在表面上,擦拭乾淨
鏡面清潔劑		1 杯 (237 ml)			不用稀釋,噴在表面上,擦拭乾淨
馬桶清潔劑		1/4 杯 (60 ml)	少量		撒上小蘇打,用醋沖洗,刷乾淨
衣物柔軟劑		1 杯 (237 ml)			在沖洗過程中添加
除鏽劑		1 湯匙 (15 ml)	1 湯匙 (13 g)		調成糊狀,塗在生鏽的部位上,靜置幾分鐘,刷乾淨
爐灶清潔劑			1 湯匙 (13 g)		將小蘇打和檸檬汁混合,倒在爐灶上,刷洗乾淨
蓮蓬頭清潔劑		1 杯 (237 ml)			不用稀釋,噴在表面上
手洗用洗碗精	熱水		4 湯匙 (50 g)		將小蘇打加到洗碗水裡
洗碗機用肥皂			1 杯 (206g)	1 杯 (206g)	與 1/2 杯 (121 g) 鹽混合均勻,並在肥皂槽裡放入 1 湯匙 (13 g)
洗碗機用洗劑		1 湯匙 (15 ml)			加入洗碗機的洗劑槽裡

到最大的包裝，之後找找看是否有在地商店提供散賣，能自帶容器去裝。你可能也會考慮使用無患子。

【果實的力量】

你聽說過無患子嗎？它們用途很多，通常會用無塑的盒子或棉布袋包裝，經常被作為洗衣用清潔劑銷售。不過，事實上，無患子可以被用來清潔你家裡的很多東西。

無患子源於尼泊爾和印度，它的英文是 soap nut，但其實是水果，不是堅果。它們的殼中含有皂素，這是一種具有清潔劑特性的成分。無患子用來清潔整個房子的方法很多，而且可以避免一大堆塑膠包裝的清潔用品。

最後再說一個洗衣服的重點：只要選擇時髦的羊毛乾衣球，你就可以避免使用大型塑膠瓶包裝的液體衣物柔軟精。這些乾衣球不僅會讓你清洗的衣物感覺柔軟，還會幫助衣服在乾衣機中更快乾燥，因為乾衣球會跑到衣物內部和四週，讓更多的熱空氣流通。

【清潔工具】

人們用廢棄的棉質衣物或剪開的舊床單當做抹布，已有長久的歷史。但近年來，大型跨國公司推出了廉價、拋棄式、合成纖維製成的清潔布，並行銷說這是比自製抹布更好的選擇。

由於這是拋棄式產品，顧客需要一再購買這些合成布料，而非清洗它們，這會為製造商不斷持續創造利潤。我們與施威拂的交易是：你需要持續購買這些合成布料的補充包。人們因此不再以棉布來做抹布。找回你的棉質抹布吧！它們在各種表面上都有非常出色的表現。如果要擦出亮光，可以試用皮革材質的天然麂皮。

　　如果要清潔地板，使用以棉布條或棉墊作拖把頭的木柄拖把就可以了。這樣的商品仍然存在，在五金行和家用雜貨店裡很容易就可以找到。金屬製水桶也一樣，它可以比任何塑料桶都耐用，甚至可以傳給下一代。

【萬用刷】

　　針對很難觸及、又很需要清潔的區域，你可以找到一把天然的刷子來完成工作。有一些刷具製造商還使用八十年前的老方法在製造刷子──那時塑膠還沒出現。它們使用的天然刷毛材料包括道德來源的動物毛，（像是馬毛、山羊毛、豬毛）；植物纖維（包括墨西哥白棕絲〔tampico〕、山棕〔arenga〕、可可和糖棕〔palmyra〕）。這類刷子是利用傳統技術手工製造的，擁有一種古色古香的魅力（請參閱附錄章節中的刷具項目，有很多無塑刷具的資訊）。

你所能想到的任何刷具，幾乎都有無塑的選擇。

【 廚房和雜貨採購 】

　　十年前，在我們魁北克韋克菲

爾德的當地雜貨店裡，很少看到有人自己攜帶可重複使用的袋子，現在則很少會看到有人「沒」帶可重複使用的袋子。這需要一點時間，但是新習慣已經形成，徹底翻轉了過去大家習以為常的行為。這同樣也適用於許多其他你可能會想開始融入日常生活的小習慣，這告訴我們你為其他人樹立的榜樣，能夠改變你的社區，甚至超出社區範圍。

【選擇對的購物袋】

當你要去採購雜貨時，記得隨身攜帶購物袋，無論是放在手提包、背包、車子的前座置物箱或後車廂，還是掛在你的鑰匙圈上；就算只是二手的塑膠袋，那也很棒，**會比根本沒帶袋子來得好**，你會因此拯救了一個袋子，讓它免於被送進垃圾掩埋場的命運。然而，如果你想更進一步，要買幾個可重複使用的袋子，你或許會想考慮幾個重要的條件。

材質

優先被考慮的材質最好可以終結袋子生命循環的迴圈，能夠回歸大地，而不是只能回收製成比較低品質的產品（**也就是降級回收**）。棉、黃麻和麻都是可以被分解回歸大地的天然材質。

耐用又可以修補

可重複使用的袋子不只是穩固的長期投資，它的耐用度及

是否可修補的特性更是決定它有多快進入垃圾掩埋場的因素。你能夠修補袋子底部的破洞嗎？如果袋子是塑膠做的，就會比較難修補；但如果是棉製的帆布袋，只要有針線或是縫紉機就可以輕鬆修補。

如果要確保你的袋子耐用而堅固，可以檢查它的壓力區域。提把頂端和袋子底部的接縫比較容易破裂，這些接縫有經過加強嗎？設計是否因為接縫的位置而有缺陷？隨著時間過去，位於高壓力點的接縫會變弱，還可能因為持續支撐袋子和內裝物品的壓力而裂開。

可以清洗

一份在二○一一年出版、由美國化學理事會（American Chemistry Council，針對塑膠產業的游說團體）資助的研究中，亞利桑那大學和加州羅馬林達大學的學者發現，經過測試，研究中五一％可重複使用的袋子含有大腸菌。同一份研究還發現，使用可重複使用袋子的人當中，只有三％的人會定期清洗自己的袋子。但只要簡單清洗袋子，九九‧九％的袋子出現細菌的機率都可降低。塑膠產業當然會把這份研究報告廣為傳播，藉此說服人們：只用一次的塑膠袋比較衛生。

不要讓塑膠產業對這件事有最後話語權，只要定期清洗你擁有的可重複使用袋子，就可以擺脫那些一定會跑出來的細菌。如果要買可重複使用的袋子，選擇容易清洗的材質是很重要的，比如

	用後即棄的塑膠袋	可重複使用的塑膠袋	可折疊可重複使用的塑膠袋	可重複使用的棉袋	可折疊可重複使用的棉袋
購置可重複使用的購物袋					
可重複使用（多次）	X	V	V	V	V
耐用	X	V	V	V	V
可機洗	X	X	V	V	V
可修補	X	X	V	V	V
可用於推肥／可回收	X	X	X	V	V
可折疊	V	X	V	X	V

棉製的帆布袋。一般來說，袋子大約每兩週就應該清洗一次，依你的使用頻率去調整。

方便攜帶

購買可重複使用的袋子時，最後要考慮的因素就是好不好攜帶。可以被折疊放入小包包的袋子，比較好收進手提包、背包、或是車子的前座置物箱裡，因此比較常被重複使用。

對於購物袋，我們最後要說的是：雖然用後即棄的塑膠袋

不耐久又容易髒，還是可以洗乾淨重複使用。事實上，可以在廚房牆上裝一個晾乾袋子的木架，方便在洗後晾乾。這種晾袋架的設計可讓袋子保持開口狀態，讓它們快乾（請參閱附錄章節中的晾袋／瓶架項目）。

【攜帶對的袋子或容器】

購物的時候，我們會採買的食物一般有六類：

❶ 新鮮水果及蔬菜。

❷ 起司和肉類。

❸ 乳製品、果汁、醬料 及其他液體食物。

❹ 乾貨，像是麵粉、糖和義大利麵。

❺ 冷凍食品。

❻ 加工及調理食品，包括麵包。

新鮮水果及蔬菜

在常去的超市，你或許已經非常熟悉能在超市生鮮部門方便取得的成捲輕薄塑膠袋。這種類型的袋子很難被回收，往往用過一次就會破掉。所以，前往超市採購時，記得要隨身攜帶幾個可重複使用的棉製網袋，這能讓收銀員清楚看到袋子裡你要購買的物品，也能讓農產品有較長的保鮮度，因為它們能讓這些農產品呼吸。

你可以找到許多棉製網袋的品牌，它們完全可以洗滌，還可以當做極佳的沙拉蔬菜脫水器使用。我們會用棉製網狀袋來幫自

家洗好的萵苣和其他綠色蔬菜脫水，你只需要到屋外一分鐘，讓袋子旋轉幾圈，讓離心力發揮作用，直到水被脫乾。這其實會比大型塑膠製沙拉蔬菜脫水器有效，廚房需要的儲藏空間也比較小。

如果是綠色葉菜，你可能會想考慮用蔬菜保鮮袋（greens bag），它的織法比網袋緊密，有助於讓蔬菜保持鮮度及爽脆。回到家後，你應該稍微將袋子浸濕，把整個蔬菜保鮮袋裡的蔬菜放在冰箱保鮮盒裡。如果你買的是寬大的綠葉蔬菜，可以把葉子清洗後拍乾，接下來一樣把蔬菜保鮮袋浸濕，保存在冰箱的保鮮盒裡。

盡可能在農夫市集或傳統市場採買食物。農夫或傳統市場攤販一般對包裝比較不講究，也很樂意重複使用送回給他們的包裝盒袋，或是幫你裝在自己的容器裡。詢問他們是否願意回收裝雞蛋或蔬菜的紙盒或塑膠袋。也記得向你家附近的農夫詢問當地是否有類似「社區支持型農業」（Community Supported Agriculture，簡稱 CSA）的計劃，「社區支持型農業」讓當地居民——通常是都市裡的人——可以直接取得高品質、新鮮、由當地農人在當地種植的農產品。一般來說，當你成為「社區支持型農業」的成員，你買到的是當地農夫的蔬菜「股份」，接著每週就會收到一個裝滿新鮮當令農產品的箱了（編註：台灣的主婦聯盟或部份小農的網路宅配系統，也可訂購一週一箱的蔬果箱）。

起司和肉類

　　預先包裝好的起司幾乎都會以不可回收的塑膠緊密包裝。幸運的是，在加拿大，大多數的商店都設有起司櫃，你可以在那裡購買散裝的起司。可以拿開口夠大的不鏽鋼密封容器或玻璃罐給熟食區的工作人員，工作人員會欣然接受你的容器、並幫它扣重（指在裝入起司之前先幫容器秤重，接著扣掉容器的重量）。如果工作人員沒有處理過類似的要求，可以溫和地說明該怎麼做。你必須得先願意告訴收銀員和其他商店工作人員減少塑膠廢棄物的新方法。這正是事情能開始轉變的方式，一開始可能會很痛苦，而且你可能會得到困惑的表情或是惱怒的嘆息，但是這一切最後都會變成習以為常。

　　如果你是個起司迷，購買量大到無法裝進你手邊任何玻璃或不鏽鋼容器，你可以使用可重複使用的大塊蜂蠟布來包裝你的起司。

　　試著避免購買盛裝在保麗龍盤上且用塑膠膜包裝起來預先秤重的肉品。可以請店家幫你現切肉，並提供不鏽鋼材質的密封容器。大部分的肉品櫃檯員工都會很樂意協助你，而如果他們請你去選購預先包裝好的肉品，請讓他們知道你無法容忍塑膠！

乳製品、果汁、醬料及其他液體食物

　　由於塑膠具有防水的便利特性，因此也成為盛裝液體產品時常選用的材質。由於玻璃包裝的普遍性大幅降低，液體產品的購買是無塑採購行程中最難處理的部分。對液體產品來說，玻璃是

塑膠的最佳替代品，而且就在幾年前，番茄醬和美乃滋之類的許多液態產品都還是用玻璃包裝的。製造商基於減少成本，且顧客偏好較輕、較不容易打破的塑膠包裝的論點，認為改用塑膠是合理的選擇，積極地用塑膠取代玻璃包裝，不過你還是可以找到一些基於健康及環境因素堅持使用玻璃的品牌。這樣的品牌越來越少，但應該受到鼓勵和讚賞。商店裡的天然食物區可能會有比較多玻璃包裝產品。

　　盡量避免採買以塑膠容器或含有雙酚 A 內襯的金屬罐頭所包裝的酸性或油性產品，因為毒物釋出到食物裡的風險會增加。你或許能夠找到不使用雙酚 A 內襯的金屬罐，但正如我們在第三章中提到的，許多不含雙酚 A 的內襯並沒有比較好，一樣可能會有干擾荷爾蒙的健康風險。但就回收的觀點來看，罐子會比塑膠容器好。

　　當塑膠包裝是唯一選項時，記得確保你選擇的塑膠容器是用高度可回收材質製造的，像是聚對苯二甲酸乙二酯（PET，塑膠分類標誌 1 號）、高密度聚乙烯（HDPE，塑膠分類標誌 2 號）或聚丙烯（PP，塑膠分類標誌 5 號），並且盡量以散裝的方式購買。

　　你或許能在你家附近找到提供押瓶寄售服務的牛奶廠商。這是很棒的做法，因為這樣的廠商會重複使用玻璃罐，而非回收它們。他們會清洗玻璃罐並將重新裝填。

如果你家附近有無包裝商店，並可以接受外來的容器，那就帶你自己的玻璃罐或不鏽鋼容器和漏斗去。液態產品的選擇往往不多，但以防萬一，記得帶上自己的容器。

要處理液體類食物最棒的無塑方法，就是採買一台好的攪拌器或食物處理機。只要散裝購買乾燥的食物原料，就能用攪拌器迅速且輕易地轉換食物的狀態，製造出許多液體食物。比如說，只要加點水，就可以把一杯（二百三十七毫升）杏仁就可以轉換成杏仁醬或杏仁奶。

乾貨，像是麵粉、糖和義大利麵

帶幾個大袋子、玻璃罐和不鏽鋼食物容器去裝。如果你可重複使用的袋子或容器用完了，與其用塑膠袋，不如用可以在店裡其他區域（如烘焙區）取得的紙袋。隨身攜帶麥克筆會很方便，可以在容器上標明你買的東西（大多數麥克筆在不鏽鋼和玻璃材質上都是可以洗掉的）。也可以用無毒的油性蠟筆（也叫蠟筆或拉線瓷器筆），它們在各種無孔表面上很有用，玻璃罐和金屬罐蓋都可以。筆跡不會因為冰箱或冷凍庫的水氣糊掉，但只要用毛巾就可以輕鬆清理乾淨。

如果你想在無包裝商店裡採買，事先計畫並製作清單會是個明智的決定。每樣東西都需要一個袋子或容器。如果你想買一些香料，可以帶小型的香料容器；如果你計畫買一些蜂蜜，可以帶梅森罐。幾乎有七五％以上的雜貨需求都可以在無包裝商店裡買

到，所以你事先做的準備越充足，可以避免的塑膠包裝就越多。可考慮在你的一些儲存容器和袋子上做「永久」標示，寫上你會定期採買的某種特定乾燥產品的名字，之後每次你去採買，就可以把同樣的產品裝在那個容器或袋子裡。這樣一來，即使你沒有時間在每次到無包裝商店採買前清理容器或袋子，還是可以使用這些預先標示好的容器或袋子，避免因為裝進其他種類的食物而造成汙染。

冷凍食品

採買冷凍食品不可能沒有塑膠包裝。在炎熱的夏日裡，塑膠包裝可以避免冷凍食品在從量販店到你家的途中漏出來。塑膠包裝還可以避免凍燒（freezer burn），這是食物外層的水分在冷凍庫的空氣中揮發而使食物表面變乾的現象。這是因為冷凍庫裡的環境極為乾燥，所以食物需要被密封儲存，才能受到保護。儘管你可能在量販店的冷凍區看過一些紙箱，但如果你去看紙箱內部，就會發現裡面的食物不是已經被塑膠袋保護起來，就是會發現紙箱內部是密封的，而且有塑膠內襯。

當你決定接受無塑的生活型態，即使你決定要放棄這些預先包裝的冷凍食品，也不代表你不再需要使用冷凍庫。相反地，冷凍庫是你無塑生活的好朋友！你可以大量購入許多食物（像是當令營養多汁的水果及蔬菜），並用清楚標示的大型密封容器分裝冷凍。冷凍食品可以幫助你避免許多塑膠包裝。

加工及調理食品，包括麵包

量販店裡會有好幾個走道陳列加工食品，裡面含有一長串的化學添加成分。不論是湯、醬料、穀物、通心麵和起司、布朗尼蛋糕粉、義大利麵醬和莎莎醬，都是一樣的狀況。然而，只要散裝或以玻璃容器購買基礎原料，這些產品都可以從無到有製造出來。加工食品之所以這麼受歡迎，是因為它省時又方便。要過無塑生活，你不一定要放棄調理食品的便利性，你只需要讓自己謹慎些、多花點心思在這方面。當你想採買加工及調理食品時，以下是幾個你可以遵守的幾個規則：

- 在你去的超市裡尋找陳列天然及有機食品的區域，在那裡，你想找的食物可能會用玻璃容器包裝。
- 小心紙箱，裡面可能會有塑膠小袋。
- 避免冷凍加工食品。
- 尋找用紙袋裝的蛋糕或布朗尼蛋糕粉。
- 很難找到不用塑膠包裝的洋芋片。如果你不能不吃洋芋片，那就盡可能買最大包裝，並把袋子當做垃圾袋重複使用（附錄的廚房工具部分可查看更多細節）。

當場製作的調理食品是可以要求無塑包裝的，麵包就是個很好的例子；可以帶上你自己的麵包袋、或是要求裝進紙袋裡。

【食物的保存】

　　當我們創立無塑生活網站時，食物保存是我們認為無塑生活最重要的重點之一。當時，我們會用塑膠食物容器保存所有的剩食，並直接在微波爐裡重新加熱。我們現在對那樣的做法感到難堪，但當時我們沒想那麼多，後來才讀到塑膠添加物會從塑膠釋出到食物裡的資訊，尤其是當經過加熱，食物又是油性或酸性的時候。

　　要決定用哪種容器來保存食物時，會有各種考量。比如說，這道剩菜你之後可能會想再加熱嗎？你會想把它拿去冷凍嗎？它是沒有妥善保存，就會逐漸變質的乾燥食物？

　　如今任何一種需求都可找到無塑選項，但要注意那些試圖說服你矽膠是「很棒的無塑替代品」的行銷手法。其實**矽膠並不是**，它只是名字沒有塑膠而已，矽膠具有穩定且能夠對抗極端溫度的優良特性，但它並不是天然的產品，也不是很容易回收。

　　每個選項都各有好壞，所以我們製作了以下的圖表，幫助各位找到最適合的方法。

無塑的食物保存方式		
食物類型	最佳選項	圖片
要在微波爐裡重新加熱的剩菜	有竹子、不鏽鋼或玻璃蓋子的玻璃容器	
要在爐灶上或烤箱裡重新加熱的剩菜	不鏽鋼材質的密封容器	
沙拉碗裡剩下來的沙拉	蜂蠟布	品牌：Abecgo
冷的食物	不鏽鋼容器（有無密封皆可，視食物的特性而定）	品牌：Lunchbots
濕的食物	玻璃罐或不鏽鋼密封容器	
熱的食物	不鏽鋼材質的隔熱保溫容器	品牌：Lunchbots

無塑的食物保存方式		
食物類型	最佳選項	圖片
馬芬蛋糕或馬鈴薯	附帶蓋碗布的玻璃、陶瓷或不鏽鋼碗	
要冷凍的食物	不鏽鋼材質的密封容器或玻璃罐，要保留至少有一吋的空間以防膨脹	
要冷凍的小份量食物（嬰兒食物、濃縮高湯、香草植物）	不鏽鋼材質的製冰盤	
麵包	視你是否希望它保持酥脆而定，麵包袋可能就夠了，或者可用蜂蠟布或不鏽鋼密封容器	
散裝購買的麵粉、穀物或義大利麵	玻璃、陶瓷或不鏽鋼密封容器	
餅乾、散裝茶葉、香料	大型或小型的馬口鐵罐	

玻璃

其實有很多無塑選項可以用來儲存食物，但是玻璃是最常見也最便宜的一個。梅森罐不只不貴，只要在超市採買用梅森罐包裝的產品，你還可以免費取得這些罐子。義大利醬之類的產品常會用玻璃罐包裝，你可以清洗並重複使用這些罐子。幾乎所有玻璃容器附的蓋子都是塑膠製的，或是會塗上可能含有雙酚A的塑膠內襯。所以要記得：使用這些罐子時，確保你絕對不會把罐子填滿到讓食物接觸到蓋子的程度。

玻璃罐很適合用來儲存各種食物：乾貨、濕食、液體和起司切片……只要預留大約二〇％的額外空間讓它可以膨脹，放在冷凍庫也很安全。

用玻璃儲存剩食特別方便，因為你其實可以看到容器裡的食物。如果你把剩食儲存在玻璃容器裡，把蓋子拿掉之後就可以直接用微波爐或烤箱重新加熱，但是為了避免玻璃裂開，如果你是直接從冰箱或冷凍庫裡拿出容器，記得要給容器一些時間恢復到室溫再去加熱。

不鏽鋼

在北美，不鏽鋼近年來被認為是一種用於存放食物的高品質塑膠替代品。不過這些事，亞洲人更早就知道了。不鏽鋼容器很耐用，幾乎打不破、可以修理、很安全，只要在蓋子的溝槽加上一點矽膠，就可以密封。不鏽鋼還有一個驚人的好處，就是具有

正向的回收價值。意思是說當你把不鏽鋼拿去給回收業者時，是可以拿到錢的。

當你要把剩菜裝進不鏽鋼容器時，最好用簽字筆或蠟筆直接在容器上標示清楚裡面裝的是什麼。麥克筆是非常棒的選擇，不容易因為水氣掉色，而且只要用小蘇打粉再用力點擦就能輕鬆洗掉。

不鏽鋼容器非常適合放進冷凍櫃，尤其它還有密封的蓋子。冷凍食物會受到保護、不至凍燒或脫水，而且只要把容器放到爐子上低溫加熱就可以直接解凍。我們會用容量大約十五公升的大型長方形密封容器，冷凍在夏季新鮮現採的番茄。等到冬天，傑伊就會把這些番茄整顆丟進他在這個季節常做的辣味印度扁豆料理裡。

我們還會用大型的長方形密封容器儲存我們的麵包和派餅，這樣麵包不會乾掉，派餅可以保鮮好幾天。密封不鏽鋼食物容器非常適合用來儲存冰箱裡的農產品。比如說，要存放萵苣、羽衣甘藍和甜菜葉，只需要在容器底部加一點點水，或是用濕的棉製毛巾或蔬菜保鮮袋把蔬菜包起來就可以了。

確保你買的是高品質的食用級三〇四不鏽鋼、金屬比例為18-8 或 18-10。你可能會發現二〇〇系列的不銹鋼容器比較便宜，但這是一種較低等級的不鏽鋼，一般不含鎳──意思是比

較容易生鏽。我們的店剛開始營運的時候，網站上供應過一些用二〇二不鏽鋼製成的盤子和容器。很快我們就接到客戶的抱怨，說洗碗之後馬上看得到鏽斑，我們立刻就停止供應這些產品。儘管生鏽這件事不會對人體健康造成危害，但對於用來裝食物或飲料的容器來說卻不是一件好事，而且還可能會改變食物或飲料的味道。

馬口鐵盒

作為裝飾性的禮品包裝，馬口鐵盒非常受歡迎。接近聖誕節時，常可以看到裝滿餅乾的馬口鐵盒，而你可能會納悶在家裡要怎麼重複使用這些盒子。馬口鐵容器的問題在於它們很容易生鏽——即使只是裝一些較為濕潤的餅乾都會讓這類容器生鏽——它們只能被用來儲存非常乾燥的食物。

可以利用馬口鐵容器儲存你計畫在接下來一、兩個月吃完的乾燥食物。馬口鐵容器很少是密封的，不適合裝麵粉或穀物，因為和空氣接觸會讓這些食物更快變質。它們很適合用來裝香料和散裝的茶葉。馬口鐵也很適合用來裝粉狀的清潔產品，像是小蘇打和硼砂。

布料

在沒有密封的狀態下，布料可以提供某種程度的隔絕作用。對餅乾或馬芬蛋糕之類的烘焙產品來說，你想要這些點心保持有點酥脆的口感，但密封的容器可能會讓它們因為本身帶有水氣使

點心表面變得黏黏的。用棉布蓋在陶瓷材質的碗上則非常適合。同樣地，麵包袋就很適合法棍麵包。把烘焙產品在布袋裡放幾天，再把它們移到密封容器裡，以免它們變得太乾（這完全看你想讓它們有什麼樣的口感）。

你還可以用布質袋來短期（一個月內）保存一些你已經散裝採買的乾貨。糖、鹽和乾燥豆類會很適合，只要用來存放它們的食品櫃非常乾燥就可以。

蜂蠟布

蜂蠟布以塑膠保鮮膜的環保天然替代品之姿出現在市場上，至今已有十年時間。一般來說，蜂蠟布是以浸在蜂蠟和天然油脂混合物裡的棉布或麻布製成。味道聞起來很像蜂蜜，而且只要利用你手指的體溫，就可以把它捏塑成碗狀。它們真的很神奇，而且完全是天然的。可以隨身帶著幾塊用來蓋裝剩食的碗、沙拉、切半的甜瓜或起司。它們也很適合用來包麵包。但要記得，不要用熱水清洗——否則蜂蠟會融化，並被沖進你家下水道——只要用沾了肥皂水的布將它們擦乾淨，或是在冷水中用肥皂清洗即可。你可以隨身帶著幾塊不同尺寸的蜂蠟布，大約一年替換一次就可以了，這要看使用次數而定。

	玻璃	不鏽鋼	馬口鐵	布料（袋或布）	蜂蠟布
要冷凍的食物	V	V			
乾貨	V	V	V	V	
濕食	V	V			
液體	V				
剩食	V	V			V
起司	V	V			V
肉類與熟食	V	V			
香料	V		V		
麵包、派餅		V	V	V	V
水	V	V			
蔬菜		V		V	

 發黏的塑膠

　　關於食物容器，最後還有一個重點——你可能會覺得，除非塑膠容器裂了，否則還是可以用來保存食物。但事實上，塑膠容器會持續釋放內含的許多化學添加物。添加物會讓塑膠產品增加許多特殊屬性，它們可能會包含阻燃劑、塑化劑、穩定劑、色素和潤滑劑。它們和塑膠樹脂之間沒有化學鍵結，很容易釋出，混入容器裡的食物或飲料中。

　　而當容器老舊並產生刮痕、頻繁在洗碗機裡清洗、或是用刺激性的清潔劑清洗時，塑膠會釋放得更快。你是否曾經納悶，為什麼某些塑膠容器的表面變得很黏，不論你怎麼洗，這些黏黏的東西就是洗不掉？那其實就是持續釋出、最後出現在塑膠表面的化學添加物。如果你的塑膠容器已經產生這樣的情形，最好拿去回收，如果不能回收的話，就把它們扔掉。

【廚房工具】

　　無塑烹飪的藝術在於讓你的廚房配備正確的工具。了解哪種材質是可靠的塑膠替代品是基本知識，因為現代廚房用品店的走道已經被塑膠廚房工具占滿了。每樣產品似乎不是塑膠就是矽膠，從濾鍋、攪拌器、沙拉夾到烤箱手套都是。幸運的是，我們還是有無塑材質的替代品。

砧板

　　我們先從其中一個最基本的廚房用品說起吧——砧板。針對我們每天的例行烹飪公務，我們會用兩塊漂亮的手工製木質砧板。它們要是髒了，我們就會用肥皂水和布清潔它們，但你一定會懷疑這樣的清潔是否足夠。細菌難道不會在木頭的毛孔裡繁殖嗎？塑膠砧板不是比較安全嗎？

有篇一九九三年的研究結論是，硬木砧板比它們的塑膠對照組更衛生。在這項研究中，研究人員把用含有大腸桿菌及沙門氏菌之類細菌的液態培養基種到兩種材質的砧板上，一段時間之後，他們發現塑膠（聚丙烯）砧板裡的細菌數目倍增，但在木砧板裡的細菌卻會被吸收並消失。這是自然最知道如何保護我們的又一項證據。

烹飪用具（不沾塗層就是塑膠）

鐵氟龍（聚四氟乙烯，Polytetrafluoroethylene，簡稱 PTFE）是一種塑膠，或更精確地說，是一種熱塑性聚合物。當你在有鐵氟龍塗層的平底鍋裡烹煮食物時，基本上你就是以直接和塑膠接觸的方式烹調。正如我們在第四章裡描述的，鐵氟龍有嚴重的毒性問題，所以我們認為最好避免。比較安全的預防方法是選擇金屬把手的鑄鐵鍋或全不鏽鋼鍋，這樣一來如果你要把義大利烘蛋表面烤出顏色，或是烘烤金黃色的玉米麵包，就可以把鍋子直接送進烤箱。

廚房用具

在設備齊全的廚房中絕大多數的廚房用具都可以找到無塑的版本。我們很容易可以找到木頭、竹子或不鏽鋼的用具，包括沙拉夾、攪拌匙和鍋鏟。刮刀，這是一種鍋鏟，用來把材料加入麵糊，而且可以把麵糊整個從攪拌碗中刮出來，這個東西比較難找到無塑版本。以前刮刀是用木質把手和可拆卸的橡膠頭做的，如今它們已大量被塑膠或矽膠取代，但仍然可以找到橡膠版本。我們找到的一些現存選項，列在附錄章節的廚房工具部分中。

　　在優良的廚房商店找到不鏽鋼材質的濾鍋相對比較容易。至於蔬菜脫水器，即使是看起來用金屬做的，其實也都藏著一個塑膠材質的內盆。我們比較喜歡利用離心力及棉製的農產品網袋來乾燥沙拉用的蔬菜。將洗好的萵苣菜裝進袋子裡，到屋外去旋轉袋子。水會從袋子裡飛出來。這個方法既快又有效。

　　另外，要小心所有的矽膠製品。近年來，矽膠已經開始入侵廚房。它被貼上健康無塑替代品的標籤，但這個說法會誤導人。就像傳統塑膠一樣，矽膠也含有可能會釋出的化學染料和添加劑。此外，矽膠不容易分解，也無法被回收，所以它對地球並沒有比較好。除非有絕對的必要，像是要為裝置或容器的蓋子製造密封的功能時，否則，我們仍寧可避免使用矽膠。

微波爐與烤箱

　　走過年追求無塑生活的十年，我們發現烤箱是我們最好的朋友之一。我們一直使用它，就像在先前充滿塑膠的生活中使用微波爐那樣頻繁。有了烤箱，你就能把剩菜裝在無塑材質的儲存容器裡直接重新加熱。沒有什麼食物是不能在烤箱中重新加熱的。即便是冷凍的墨西哥捲餅也可以。如果你不希望加熱時食物的表面乾掉，那就加上不鏽鋼蓋子，或是在容器上倒扣一個不鏽鋼盤子。

過濾並儲存你自己的水

　　每次我們看到有人在購物車裡放進好幾箱二十四瓶裝的

瓶裝水時，我們都會忍不住為那樣的塑膠消耗感到難堪。真的，這樣的採買有必要嗎？你買的那幾個大品牌的水其實直接來自過濾廠。那只不過是經過過濾的自來水。也許問題在於自來水沒有一個傳播及行銷團隊努力說服消費者，基本上它對人體健康的益處其實就跟瓶裝水**一樣好**。

不管怎樣，將水過濾來去除微量的氯或其他汙染物仍然是個好主意，比如可能出現在輸水水管裡的鉛。我們發現了一個可以無塑且天然地過濾水的好方法，就是在水裡放入一根日本備長炭條。木炭本質上可以解毒，而且表面極度多孔，可吸附汙染物的離子。它可以有效去除水中的氯，還能去除鉛、汞、鎘和銅。據說它還可以將鈣、鎂和鉀送回水裡。除此之外，你還可以每月在水中煮沸炭條來讓它重獲活力。炭條每四個月就該更換，使用過的炭條可以當做冰箱除臭劑使用。

如要保存水，可以選購玻璃或陶瓷材質的給水器，但開口的塞子可能會是塑膠製的。另一個選項則是不鏽鋼製的給水器，這是專門被用於儲水的。有些人會用不鏽鋼式橄欖油給油器來儲水，但他們沒想到的是，油可以防鏽，水卻會讓容器生鏽。生鏽是一種由鐵、水和氧共同參與的化學反應。當它們混合在一起，就會產生水合氧化鐵，俗稱鐵鏽。水是造成這個氧化過程的催化劑，所以為了避免生鏽，你就得遠離水。因為油跟水會自然分離、不會混合，所以油對於避免金屬生鏽相當有效。不鏽鋼有鎳與鉻的成分，一般不太會生鏽，但給水器的某些部位可能會比較容易氧

化，像是會和水接觸的接縫或塞子。這就是為什麼這些部位需要經過特殊處理，因為這樣做能夠徹底清潔表面，去除任何可能會造成生鏽的雜質。當你採買不鏽鋼水桶來儲水時，記得確保它有經過特殊設計，適合用來保存水（請見附錄章節中的水桶部分）。

讓你的備長炭條發揮最大效用

❶ 將備長炭條放進容器裡並加水。

❷ 一個月一次，在水裡煮沸炭條約十分鐘。

❸-1 過三到四個月後，把不再使用的炭條放進冰箱，可以吸收氣味。

❸-2 或者，你也可以把炭條放在盆栽底部改善排水。

如果你喜歡喝氣泡水，就直接買一台氣泡水機，避免去買裝在塑膠瓶或鋁罐裝的碳酸飲料。Soda Stream 氣泡水機使用可回收並可回填氣體鋼瓶系統，來添加二氧化碳。

【那麼垃圾呢？】

如果你認真想過無塑生活，那麼你就必須認真去想如何處理自己製造的垃圾。在我們提出處理垃圾的理想方案之前，了解垃圾一般由哪些東西組成是很重要的。根據美國環境保護署二〇一四年提出的數據：

- 在美國，有四〇％的垃圾屬於預先回收 *（pre-cycling）類，它們是紙類、玻璃和金屬，這些東西在多數公共回收單位裡都是可以回收的；

  * 預先回收（pre-cycling）：在購物時即將產品（含包裝、產品製程、使用年限等）是否能回收列入考量，是一種讓垃圾減量的概念。

- 一二‧九％的垃圾是塑膠，其中一部分或大部分可以回收，視當地公共單位而定；
- 三四‧四％的垃圾是生物廢棄物，包括食物殘渣、院子裡修剪下來的樹枝和木頭；以及
- 一二‧七％的垃圾是其他類型的廢棄物，包括不可回收的項目，像是橡膠手套和紡織品。

以下是針對如何處理上述每一項垃圾的基本建議（根據你居住區域的回收單位會有所調整）。首先，所有紙類、玻璃、金

如何處理垃圾

三四・四％是食物殘渣、院子裡修剪下來的樹枝和木頭

一二・七％是不可回收垃圾，像是紡織品、鞋子等等。

【家用堆肥箱】

【公共垃圾箱】

【公共堆肥箱】

【公共回收箱】

一二・九％是可回收及不可回收塑膠

四〇％是紙類、玻璃和金屬

屬和可回收塑膠都應該被放進藍色的回收箱。這樣就處理掉大約四五％的垃圾了。至於食物和院子裡的廢棄物則應該在家堆肥或送到市政堆肥單位去。千萬別把可堆肥的垃圾送到垃圾掩埋場，因為它們可能會產生甲烷氣體。

在家堆肥相對簡單，即便你住在市中心的高樓大廈裡也可以做。可以考慮那些針對市中心小型公寓設計的室內堆肥系統（請見附錄章節中的室內堆肥部分）。

如果你有一座院子，你的選擇更多，不堆肥的理由就更少了。只要上 Google 打上「堆肥 101」（composting 101），就可以找到幾十個附帶詳細說明的網站。當你在家堆肥時，記得確保不要在堆肥箱裡加入碎肉、乳製品、脂肪、油或動物油脂和寵物糞便。我們會推薦你用報紙或紙巾包好這些物品，將它們存放在一個標示清楚的箱子、袋子或冷凍庫裡的某一區（寵物糞便或許除外，可能最好把它沖進馬桶裡）。等倒垃圾的日子到了，再把冷凍的物品放到垃圾袋裡。這樣聞起來就不會有味道，也不會引來動物。

剩下無法回收或無法改變用途的垃圾，要放進平常的垃圾裡，最後可能會進到垃圾掩埋場。這種垃圾一般應該要完全乾燥，並放得進小型袋子裡，如果在你家那一區可行的話，就不要裝袋，直接丟進垃圾箱。你可能會認為可用於堆肥的垃圾袋會是處理這類垃圾最好的方法，但如果可能的話最好的方法其實是完全不用垃圾袋，理由是垃圾掩埋場並不利於分解。它們是乾燥無氧的空

間，基本上會讓裡面的東西變得乾癟，包括塑膠。在垃圾掩埋場裝滿並關閉之前，任何垃圾掩埋場裡發生的分解反應都會製造不受歡迎的甲烷，這是一種會阻礙熱能散失的溫室氣體，約比二氧化碳強三十倍。從開放式垃圾掩埋場釋出的甲烷會造成全球暖化，導致氣候變遷。當然，最好的方法就是盡量減少你製造的廢棄物，這樣你就不會將任何東西送進垃圾掩埋場。

如果你居住地的公共單為要求你得把垃圾裝進袋子裡，就不要再去店裡拿新的塑膠袋，改用塑膠材質的食物包裝袋，像是大包洋芋片的包裝袋這些原本不是作為垃圾袋使用的袋子。很難找到無塑包裝的洋芋片，所以如果你真的很愛吃洋芋片，就別忘了給這些袋子其他的用途。這不是說你得吃塑膠袋裝的洋芋片或其他食品，才能拿他們的袋子來裝垃圾，但如果你確實會吃這些零食，再給這些袋子一次機會吧。

最後記住，如果你的垃圾大多是乾燥的，就不需要把你家裡的每個垃圾筒都套上袋子。只要在垃圾筒底部鋪上一些報紙，當要清空垃圾筒時，可以直接把垃圾倒進當地市政單位的垃圾箱，或是裝進前述改變用途的塑膠袋裡。

【無塑咖啡跟茶】

啊，咖啡……全世界的咖啡族在一天的開始都會忍不住來一杯這種讓你上癮卻不會有罪惡感的神奇藥飲。香朵很珍惜每天早上的咖啡，她的日常儀式包含現磨新鮮的咖啡豆，再使用

手沖的陶瓷濾杯來泡的咖啡。傑伊大多時候喝的是茶。他發現即使是低咖啡因的咖啡，也會讓他精神太好。但他其實很愛偶爾來杯有奶泡的拿鐵，這對他來說很是種享受，所以當他想放縱一下時，會希望自己喝到的是沖得好的好咖啡。

茶和咖啡是熱飲，所以我們絕對希望儘可能避免讓它們接觸到塑膠。我們書裡提到的任何飲料也一樣，當碰到熱水時，塑膠釋放有毒化學物質的機會其實就會增加。

你知道大多數茶包都有塑膠嗎？這是我們不久之前發現的。那是很難過的一天，因為我們很愛喝茶，而且茶包超級方便。請注意，我們說的不只是那種金字塔狀的濾網茶包，這種茶包光看就感覺得出來——那些絕對是塑膠製品，通常是尼龍或聚對苯二甲酸乙二酯（PET，塑膠分類標誌 1 號）。最好是可以不要使用，因為它會直接把鄰苯二甲酸酯釋入你的茶裡。不，我們說的，是那些隨處可見、用軟紙袋裝的普通茶包，那種我們一直都和其他有機廢棄物一起丟進堆肥箱的茶包。顯然這是整個產業都會在這些標準薄紙茶包裡加入少量的聚丙烯（PP，塑膠分類標誌 5 號），所以它們其實只有大約七〇％到八〇％可以被生物分解。這就是知名主流品牌的做法，立頓（Lipton）、唐寧（Twinings）和泰特萊（Tetley）都是。這些茶葉製造商似乎認為顧客不會注意到，也可能根本不在乎聚丙烯的添加。告訴你，我們現在不但注意到，而且確實**很在乎**！

應該要向製造廠商確認茶包裡是否有塑膠，因為某些品牌顯然不含塑膠，或是使用以玉米為基底的生物塑膠材料。當然，有個方法能確保你喝到無塑的茶，就是選擇散裝的茶葉。你可以用傳統方法在茶壺裡泡茶，或者，如果你只想泡一杯茶的話，幫自己買一個不鏽鋼泡茶球、或是單杯式的濾杯。

我們有各式各樣的機器和配備來泡無塑咖啡，可依我們想喝的咖啡種類和可用的時間來選擇（請看附錄章節，關於煮咖啡和泡茶工具）。

許多家庭都有的那種制式濾滴式咖啡機呢？就我們看來，並不推薦。這種機器會在塑膠水槽裡把水煮沸，就像塑膠製的水壺一樣。常聽到有人說，用全新的濾滴咖啡機煮出來的前幾批咖啡喝起來會有很強烈的塑膠味。這類機器幾乎都有很多塑膠零件，而且最重要的是，它的儲水槽和加熱槽是塑膠做的：完全符合化學物質從塑膠溶進沸水裡的條件。我們只找到一台完全不含任何塑膠零件的電子濾滴式咖啡機。Ratio Eight 是由耐熱玻璃（borosilicate，一種硼砂玻璃）、鋁和黑色胡桃木組成，而且外型非常美。對我們來說，鋁不是很理想的材質，而且這台機器價格很高（約六百美金），但如果你真的很想要一台電子濾滴式咖啡機，而且願意用一種毒素交換另一種（塑膠化學物質和鋁），這可能就適合你。

當你考慮購買電子濃縮咖啡機的時候，也要注意同樣的問

題：你必須仔細檢察，確保蓄水槽沒有塑膠內襯，其他部位也不含塑膠零件。或是就選擇不鏽鋼爐式濃縮咖啡壺如何呢？很多廚房用品店裡都能找到的。

過去義式咖啡濾煮壺（coffe percolator）就跟星巴克（Starbucks）一樣普遍。傑伊記憶中，他父母就有一台伴隨他成長的爐式咖啡濾煮壺，是用鋁和玻璃製成的。他很喜歡看著咖啡一邊冒泡一邊衝上玻璃煮壺頂的蓋子，發出有趣的汩汩聲響。現在你可以找到電動及爐式的美式咖啡濾煮壺，煮咖啡時，只有不鏽鋼會碰到水和咖啡。

手沖咖啡濾杯是沖咖啡極好的無塑替代選擇。市面上有好幾種可以用來沖咖啡的美麗玻璃或陶瓷手沖濾杯：還有單杯用的，它們會緊貼著杯子。把濾杯和可重複使用的有機棉或麻製濾紙配成對，你就擁有了一套永續無塑的工具。如果濾布你就是不喜歡，大多數玻璃和陶瓷濾杯的製造商也提供用未漂白的 FSC- 認證紙製成的濾紙（可以用家用堆肥機製成堆肥）。或是不使用可從杯子上移開的濾杯，改用不鏽鋼製的爐式義大利濃縮咖啡壺，或是法式濾壓壺（也適用於茶葉）。你也可以深入沖煮咖啡的專業領域，選用優美的手工濃縮咖啡機。

針對水壺，在任何商店的廚具區或廚房用具商店裡，都很容易找到可以直接在爐子上加熱的像樣不鏽鋼水壺。挑戰比較大的是要找到無塑電動水壺。投資無塑水壺是非常值得的，因為你每

天用水壺煮水來泡茶或咖啡，甚至一天煮好幾次。如果你的水壺有塑膠零件，會直接和沸騰的水接觸，基本上就可以確定，會有化學物質慢慢釋出，讓塑膠長期反覆暴露在沸騰的水中會有很大的問題。不鏽鋼的電動水壺的問題是要求壺內為全不鏽鋼，沒有那個透明的塑膠窗戶來顯示水位（它們往往也會設在水壺的把手位置）。如果壺體是不鏽鋼，但有個顯示水位的塑膠小窗還是會讓沸水不斷地和塑膠直接接觸。

那麼咖啡膠囊機呢？

很明顯是個大災難：無處不在的拋棄式塑膠咖啡膠囊（像是 K-Cup）完全是塑膠的大災難。將這些膠囊首尾相接，每年使用量估計足以繞地球十圈半。而單單二〇一四年，就售出了大約一百億個 K-Cup，銷量還持續在增加，這些膠囊最後都會進到垃圾掩埋場。還有，你真的希望自己早上喝的濃縮咖啡（或是用膠囊泡的茶），是用那些必然會釋出毒性物質的小塑膠杯，在沸騰的溫度下沖煮出來的？儘管已有一些可回收和可重複使用的選項，大多數的咖啡膠囊仍然是用塑膠和鋁混合製成，無法被有效回收。要回收它們，每次都得把每個膠囊裡的研磨咖啡、濾網、蓋子和塑膠分開。這其實是不可能的，所以它們會直接進到垃圾掩埋場。

這一系列的情況已經造成一些反彈。德國的漢堡市已經禁止使用塑膠咖啡膠囊。此外，《消滅 K-Cup》（Kill the K-Cup）這部影片也激起反 K-Cup 運動，並很快就散布開來，製造出一

個熱門的主題標籤 #killthekcup。但即便如此，咖啡膠囊系統還是很受歡迎，原因在於這項產品很方便。

如果你已經擁有這些機器，而且讀完前面的說明之後有罪惡感，別灰心，現在已有可重複使用的咖啡膠囊。最好的是可重複使用的不鏽鋼，但如果你覺得一定得用拋棄式膠囊，現在其實有可用於推肥的免洗式咖啡膠囊，可以和標準機型相容。請看附錄章節裡我們建議的可重複使用和可用於堆肥的相關產品。

用無塑的方式儲存及外帶咖啡和茶

儲存咖啡和茶，讓它們保持新鮮，就跟妥善沖泡它們一樣重要。我們的朋友安妮・溫西普（Anne Winship）是公平貿易咖啡供應商「豆公平咖啡」（Bean Fair Coffee）的老闆，她建議把咖啡豆儲存在無塑的密封容器裡，將它們放在櫃台上（而非冰箱裡），就能保持最大的新鮮度與香氣。茶葉也是一樣。密封的玻璃或不鏽鋼容器非常適合這個用途⋯⋯呼叫梅森罐！

當然，如果你要外帶咖啡或花草茶，可以找到很多不鏽鋼、玻璃或陶瓷杯子。在附錄章節中的咖啡杯與茶杯部分，我們已經列出了幾個選擇。在車上，我們喜歡用玻璃杯，但如果時間比較長——比如說一整天——我們就會選擇不鏽鋼保溫瓶，只要換一下蓋子，就能方便地轉換成杯子使用。這類高品質的隔熱保溫瓶能讓飲料保持熱騰騰的狀態，長達六到八小時。

【食物保存：裝罐、冷凍及乾燥】

有一個很棒的方法可以減少拋棄式的塑膠進到你家，就是自己保存自己的食物。這樣不只可以消除你通常會從店裡買進的塑膠包裝（尤其是在冬天，當農夫市集和新鮮農產品可能比較難取得的時候），還可以在食物新鮮及營養豐富的狀態下加以保存，達到更好的健康效益。

裝罐

幾年前，當傑還年輕時，他以為裝罐的意思就是把食物儲存在罐子裡。他納悶大家是怎麼把罐子密封起來的，難道人人都有某種密封罐子的工具嗎？這似乎有點複雜啊。很快他就明白，儘管裝罐（canning）這個詞源源於十八世紀，一開始是指將食物保存在馬口鐵容器中，但這個名詞現在指的其實是將食物保存在密封容器裡以免變質的常見作法。

裝罐是一種常見的食物保存方法，可減少塑膠包裝，而且任何人都可以做，不論你住在哪裡、生活方式如何都可以。我們是裝罐新手，本書不會告訴你怎麼做這件事。你可以找到很多專業資源。但我們會告訴你要怎麼用比較少的塑膠或是根本不用塑膠來辦到這件事。

重點是罐子和蓋子。你現在知道我們愛死梅森罐了，但我們不愛這件事：儘管梅森罐的蓋子是金屬（通常是鍍錫的鋼材）材質，卻含有雙酚 A 或不含雙酚 A 的塑膠（但還是塑膠）做

的內部塗層，這個塗層會直接和罐子裡的食物或液體接觸。這就是為什麼如果你使用梅森罐的方式會讓食物和蓋子接觸，那我們會建議你換成不鏽鋼蓋子，但不幸的是，這些不鏽鋼的梅森罐蓋替代品不能用在裝罐的用途上。

梅森罐的主要製造商 —— 像是波爾（Ball）、伯納汀（Bernardin）和凱爾（Kerr）—— 現在都提供不含雙酚A的蓋子可供裝罐使用，但他們並沒有確實說明新的塑膠塗層是什麼材質，聲稱那是商業機密。波爾和凱爾這兩家梅森罐的製造商喬丹家品（Jarden Home Brands）只說它是「不含雙酚A的改質乙烯基塑膠（BPA-Free modified vinyl），外層的漆則改質環氧樹脂（modified epoxy）」。那到底是什麼意思：「改質乙烯基塑膠」和「修質環氧樹脂」？我們對乙烯基塑膠的認知基本上並不好，乙烯基塑膠家族包含了現在仍然還在使用、毒性最強的消費性塑膠，也就是會致癌、也會干擾內分泌的聚氯乙烯（又稱PVC，可參考前面關於PVC的內容）同樣地，在很多環氧樹脂中都有雙酚A，大多數食物罐頭的內襯都有，因此，如果它用了「改質環氧數樹脂」就可能含有類似雙酚A的物質，誰知道呢？這又是另一個要實行預防原則的例子，避免使用這類蓋子吧。

就我們目前所知，要確保你有無塑裝罐，唯一的方法就是用使用天然橡膠封條的玻璃蓋。我們已經找到兩種方法，可以取得玻璃製的梅森罐蓋子。

　　第一個方法，就是在當地市場、節約商店、或在 eBay 的頁首，尋找舊式的傳統玻璃蓋和橡膠封條。它們就在那裡，往往會是一整組附上橡膠封條。記得要請賣家量一下尺寸，確認蓋子的大小和你的梅森罐或寬口梅森罐相合，或是連罐子一起整組購買。

　　第二個方法，則是考慮新製的玻璃罐和蓋子。我們只知道有兩個品牌提供玻璃蓋：法國的伯費牌（Le Parfait）和德國的維克牌（Weck）。這兩家廠牌提供多種尺寸的罐子，這些罐子是老式的做法，可以使用天然橡膠封口圈。所有類型的罐子都不會使用標準的旋轉開蓋。伯費牌的罐子有個單側扣接的玻璃蓋，蓋子內側是可以向下蓋入的塞子。至於維克牌，它的玻璃蓋要用至少兩個不鏽鋼彈性扣夾扣緊。封罐的機制很巧妙：當瓶口封條完整密封時，橡膠封口圈上的二角舌就會朝下。罐子密封後，可以移除扣夾，之後整罐收進食物櫃，需要時再打開。要解除兩種罐子密封的真空，只要捏住封口圈上的三角舌往外拉，聽到空氣流入的嘶嘶聲，就可以輕鬆打開這個蓋子。真是妙啊。

　　如果你不願意或無法轉換成玻璃製的梅森罐蓋（因為會有額外的花費），而且手邊已有大量可用的傳統梅森罐（誰沒有？）那你可能會想考慮使用煮沸（boiling water bath，簡稱 BWB）裝罐法，而非壓力裝罐法。這個方法至少可以把塑膠蓋和食物接觸的機會減到最小。利用煮沸法，你可以在罐子

頂部，（也就是食物和蓋子之間）留下足夠空間，移動罐子時要小心，避免讓食物接觸到蓋子。就無塑的觀點來看，這不是最理想的方法，因為熱的食物會產生凝結的水蒸氣，再從蓋子滴進食物裡，但跟食物直接和有塑膠塗層的蓋子接觸比起來，這還是好太多了。

如果以上選項對你都不適用，那你可能會對其它食物保存方法感興趣，像是冷凍和脫水。

冷凍

在傑伊的成長過程中，他的母親一直都有一座花園。花園裡種的主要作物是番茄。她的冷凍方式很簡單。簡單清洗並去掉番茄的果心，接著把它們鋪在平坦的金屬餅乾烤盤上，放進冷凍庫。等結凍之後，她會把番茄放進夾鏈塑膠袋。

傑伊現在會用同樣的方法冷凍食物，只是把塑膠袋換成不鏽鋼容器。這個方法的美妙之處在於，幾乎可以用在任何水果或蔬菜上。可以用來冷凍蘋果和柳橙切片，草莓或藍莓、或新鮮的耐寒綠色蔬菜，像是羽衣甘藍或瑞士甜菜。對於綠色蔬菜，如果你只想拿出一部分，那就拿你想要的份量就好。有一個關鍵的秘訣，就是確保在你洗完水果或蔬菜之後，必須盡可能弄乾它們（過多的濕氣會導致凍燒，還會讓食物成堆黏在一起）。要是有餅乾烤盤，要冷凍預先煮好的蔬菜就簡單了。等將蔬菜煮好並瀝乾後，把它們一小堆一小堆放在烤盤上，就像在烤餅乾一樣。再說一次，等各自結凍成堆後，把它們放進無塑容器，收進冷凍庫儲存，每

次要用多少就拿出多少。

安妮─瑪麗·伯納魯（Anne-Marie Bonneau），又稱零廢棄主廚，是另一個運用餅乾烤盤冷凍技術（**以及下文會提到的玻璃罐技術**）的人，而且在說明她的無塑冷凍經驗時，提供了一個可以用來冷凍多種食物（**從葡萄、檸檬皮類到餅乾、麵包類都可以**）的方法。她還提供了一些她偏好的誘人食譜。我們要請大家注意一下冷凍麵包，安妮用的是自己手作的布袋。

【 玻璃與不鏽鋼容器 】

關於容器，當然就不使用塑膠來冷凍食品，玻璃和不鏽鋼都表現得很好。你很容易可以找到各種尺寸的玻璃罐。傳統上我們會覺得只能把煮過的食物（**像是胡蘿蔔薑湯或紐奧良辣味料理**）拿來冷凍，但冷凍其實可以讓大多數的食物保鮮。我們會用中型尺寸的玻璃罐裝堅果和漿果類，用大型的罐子裝穀物、麵粉、甜味穀麥（granola）及原味穀麥（muesli）。我們會用同樣的方式使用圓形和長方形的不鏽鋼密封容器（**有矽膠封條的**），並用非永久性的麥克筆標記它們，這樣我們不用打開容器就可以知道裡面裝的是什麼。記得確保你做記號的位置是在容器朝外的部分，這樣你才可以立刻看到標籤，不用重新整理整個冷凍庫，就能知道容器的內容物。

如果你要冷凍液體，或是含有很多液體的固體食物，記得要在罐子頂端留下一些可供膨脹的空間。大小就看容器的尺寸

而定，但基本上一到兩吋就足以避免容器因食物冷凍膨脹而裂開或變形。此外，在使用玻璃罐時，要小心不要讓溫差太大，因為它們可能會在你身上裂開。剛裝進熱食的罐子在進冷凍庫之前應該先冷卻到室溫。同樣地，也不要把剛從冷凍庫裡拿出來的冷凍食物罐馬上拿去加熱。

我們會建議用玻璃或不鏽鋼裝肉類。肉店用的標準包裝紙上會塗了石油基底的石蠟。有些人可能會建議用鋁箔，但我們並不建議，因為鋁可能含有毒性。

冰棒和冰塊

冰棒和冰塊模具常常是用色彩繽紛的硬質塑膠做的。幸運的是，這兩種模子現在都已經有無塑的不鏽鋼產品可選！

再說回到傑伊小時候，他母親還有過一個鋁製的製冰盒，附帶可以往上拉把冰塊碎開的桿子。你還是可以在 eBay 上找到這些懷舊的美好產品，但再強調一次，鋁的材質並不理想。根據這個模型，二〇〇九年我們製造了第一個不鏽鋼版本的製冰盒，而且效果很好。現在市面上也已經有其他很不錯的不鏽鋼製冰盒可供選擇。除了製造冰塊以外，對於冷凍小份量的嬰兒食品、或是烹飪用的高湯，這也是一個很不錯的方式。想找單一份量比製冰盒更大的容器嗎？那就用馬芬蛋糕模吧！

同樣地，不鏽鋼冰棒模（使用竹棍和矽膠密封環）是堅硬、

優雅的塑膠替代品，能避免讓孩子把塑膠跟著冰一起舔下來。

包裝

如果你想找短期的冷凍方法（最多大約一個月），可以考慮使用可重複使用的蜂蠟布。這對於像起司一樣堅硬的物品來說可能很方便，尤其如果你想要節省整個冷凍庫裡的空間，而想避免使用太占空間的容器的話。

【乾燥】

乾燥是另一種可維持食物的營養、又可大幅減少拋棄式塑膠包裝進到家中的食物保存技術。

就我們所知，有三種方法可以在家乾燥食物：利用陽光、烤箱或電動食物乾燥機。這三種方法都可以達到無塑的目的。

不論你選擇哪一種方法，有一些預備和儲存的步驟是可以全面應用的：

● 將你想乾燥的水果或蔬菜洗乾淨切好，將多汁的水果切成兩等分或四等分，並把蔬菜削成薄片。因為酸度不高，如果沒有切成小塊，蔬菜會比較快變質。記得讓每一塊大小相近，這樣才會以同等速度乾燥。
● 可以先漂白（編註：指洗掉食物的色素），這會抑制在儲存時造成食物變質的酵素。我們通常會跳過這個步驟，只

進行純粹的乾燥程序，但有些人覺得這個步驟很有用。

● 一旦食物乾燥（當它整個皺縮，看起來像是皮革一般的葡萄乾、但仍然柔軟的時候）就把它存放在無塑的玻璃或不鏽鋼容器裡（不需要冷藏）。

日曬乾燥

如果你有時間、也有耐心，那就還是可以選擇日曬乾燥。無論你的桌子放在室內或室外，你都需要好幾天出太陽的日子，擁有低濕度的大晴天（如果你要在室外進行，乾燥又炎熱的氣候最能夠實施這項技術）。這可能會需要一些經驗，取決於你要乾燥的食物種類以及當下的條件，但以下是可以嘗試的簡單作法：

● 將水果或蔬菜均勻放在烘焙烤盤上。

● 將它們放在你家裡或室外有陽光的地點，蓋上網子（像是做起司用的起司布），以免昆蟲接觸。

● 每天檢查、翻面。如果是在室外，晚上要拿進室內，避開露水和動物。

低濕度和持續日照是關鍵，否則食物可能在充分乾燥之前就會變質。這個方法非常適合蘋果、梨子、杏桃和番茄之類的食物，因為陽光會讓食物中的天然糖分濃縮，帶出更深層的甜度。沒什麼比新鮮香草更容易在陽光下曬乾了。只要把它們放在有陽光的地點，或是捆成一束掛在有陽光的地點。這樣就好了。

烤箱乾燥

這項技術不需要陽光直射。因為你用的是烤箱，烤箱必須開上好幾個小時，會有能源成本。如果烤箱有風扇（像是對流式烤箱）的話，是有助於空氣流通，但不是絕對必要。針對小量的食物，小型烤箱就夠了。

以下是幫助你開始嘗試的幾個基本要訣，但不要害怕用你自己的方法進行實驗：

- 盡可能把烤箱溫度設定在最低。對許多烤箱來說，可能會是在大約攝氏六十二度到六十五度之間的範圍。如果你的烤箱只有「中溫」（warm）這樣的溫度指標，就用這個。
- 將水果或蔬菜均勻放在烘焙烤盤上。或者你可以把它們鋪在烤網上，再放到餅乾烤盤上，以增加空氣流通。如果水果或蔬菜切片夠大，還可以直接把它們鋪在烤箱裡的烤架上。
- 可以讓烤箱門保持關上的狀態，這樣做會增加烤箱裡的溫度和濕度。如果你的烤箱沒有風扇，可以把烤箱門打開幾吋，並在烤箱前面放一台小風扇，把空氣吹進烤箱，這樣就可以增加空氣流通。
- 需要的時間視食物而定，六到二十小時都有可能。
- 這個方法的變數很多，或許可以先用少量的食物實驗，看結果會是怎樣。

利用電動乾燥

考慮到我們的氣候和低陽光直射的環境（我們住在森林裡），這是我們比較喜歡的作法。這個作法消耗能源明顯會比烤箱少。乾燥機是一項長期投資，需要先付一筆費用，一台好一點的機器可能得花上好幾百美元。如果成本太高，你可以考慮和一群志同道合的朋友合買一台，輪流分享使用。

市面上的許多乾燥機都附帶塑膠材質的托盤來放食物，有些機器甚至會有塑膠材質的內裝。這些內裝可能是聚丙烯或丙烯酸酯做的，雖然相對穩定，但我們還是盡可能避免將它們用在食物上。有些內裝甚至是用聚碳酸酯塑膠製成的，含有有毒、會干擾荷爾蒙的雙酚 A，就我們的角度來看，絕對得避免使用。

聚碳酸酯這類塑膠除了本身有毒以外，當它受熱或直接接觸到食物（尤其是又油又酸的食物）時，會更迅速地釋出毒性物質。有些乾燥機的托盤是用不含雙酚 A 的塑膠製成的，但如同我們在常見的塑膠章節所說的，這未必就代表它們「沒雙酚 A 那麼毒」。它們干擾荷爾蒙的能力甚至可能更高。如果你想找有不鏽鋼內裝及金屬托盤的乾燥機，請見附錄章節的建議。

除了乾燥水果、蔬菜和肉類以外，乾燥機還可以做許多事，包括製作甜味穀麥和優格。對廚房來說是個多用途的幫手。

現在補充一點關於烘焙的背景知識，包括傑伊進行的「檸檬

漬香蕉的烘焙紙替代實驗」，雖然結果有點不如預期。烘焙紙原本是設計成可抗動物油脂及濕氣，並稍微能夠耐熱。因此，當你要乾燥潮溼的物品或切好的食物，但因為它們太小而無法直接放在金屬架上時，烘焙紙是很有用的工具。在乾燥機裡使用金屬烤盤並不理想，因為它會妨礙空氣流通，而且可能很難找到乾燥機適用的金屬烤盤。烘焙紙有漂白與未經漂白兩種，而就我們看來，最好避免選擇漂白的烘焙紙，因為氯漂白的工序可能會殘留致癌的戴奧辛。未經漂白的烘焙紙是最好的選擇。

問題在於，我們找到的所有烘焙紙都加了矽膠，這真是讓我們百感交集。我們認為矽膠是相對安全的，但還是要看用途而定（你可以閱讀前面的常見塑膠章節，更了解我們對矽膠的看法），但它並不是完全不會起作用或釋出化學物質。

針對我們最初幾批的檸檬漬香蕉乾，傑伊認為或許矽膠塗層未必是必要的，因為不管怎樣食物都要乾燥了，不是嗎？他也試過利用一般未經漂白的無塗層烘焙紙。乾燥機的溫度低到根本沒有著火的危險。

但矽膠還是必要的。正如你可能預料到的，食物的汁液浸透了烘焙紙。結果傑伊做的檸檬漬香蕉幾乎都黏在紙上了！我們必須小心翼翼地將它們從紙上剝、刮、挖下來，但嚐起來還是很美味啦。活到老學到老，哈！

如果你會常常使用烘焙紙，而且會讓你自己或多或少接觸到矽膠，可能的話則最好選擇可重複使用的矽膠烘焙墊。

【浴室】

我們家的所有的成員，包括我們的兒子（*或者應該說：尤其是我們今年十四歲的兒子*）都很喜歡每週洗好幾次熱水澡。浴室已經成了放鬆的好地方，我們會在洗澡時把燈光調暗或點上蠟燭，享受當下的時光，遠離所有生活壓力。

如果你家的浴室只有必要的無塑產品，整個感覺會更好。在那裡，空氣純淨，化學物質禁入。我們在前面提到，浴室裡會產生的塑膠廢棄物主要可以分成三大類：牙刷、刮鬍刀及個人護理產品，本書的個人護理產品章節已經探討了用安全的無塑替代品取代這些產品的最佳方法，以下我們要談一些其他的東西。

浴簾

聚氯乙烯（PVC）製成的便宜浴簾在安裝之後就會釋出干擾荷爾蒙的鄰苯二甲酸酯和其他有害的化學物質，並持續數週的時間。充滿聚氯乙烯的浴簾是用有彈性的塑膠製成，有時是透明的，看起來摸起來很像厚的塑膠保鮮膜——塑膠保鮮膜也是用聚氯乙烯做的。你也可以從塑膠分類標誌 3 號認出聚氯乙烯，它可能會標示在浴簾的標籤上。

我們找到最棒的無塑浴簾替代品是麻，儘管比塑膠材質的價

格貴上許多，麻製的浴簾卻可以在一定程度上抵抗黴菌。記得保持家裡浴室通風良好，好讓浴簾可以徹底乾燥，如果看到任何黴菌滋生，可以用醋清洗浴簾。

馬桶刷

塑膠材質的刷子定期使用數週後，刷子的刷毛上會堆積一種噁心的粉紅色汙垢，所以需要常常消毒。這種淺粉色的物質其實是種被稱為黏質沙雷氏菌（Serratia marcescens）的細菌，幸運的是，它其實無害。但因為塑膠上有孔隙，因此要去除粉色物質並不容易，結果你可能會覺得需要每年替換家裡的馬桶刷。塑膠製的馬桶刷往往附帶塑膠製的底座，每當替換塑膠刷子的時候，你也得換掉塑膠底座，因此增加了垃圾掩埋場的塑膠量。

記得選用天然刷毛製成、木柄馬桶刷，也可以找到附帶陶盤承接滴落液體的木製底座。這一整組比塑膠的貴，但你可以換刷子就好，不需要整組換掉。當它的使用壽命終結之後，刷子還可以被用來當做營火的引火柴。

毛巾和浴墊

記得尋找百分之百棉質的毛巾和浴墊。為了讓毛巾的觸感比較軟，製造商常使用聚脂和棉混紡的材質，記得抵擋這個誘惑。只要在烘乾機裡使用羊毛球，你的毛巾摸起來也會很柔軟。

【生活空間】

　　住居是人類的基本需求之一，這裡可以提供我們保護，維繫我們的生命。所以，何不把你的家當成一個生命來對待？這麼一來，就能保證你的家是以健康的材料組成，不會讓你生病。不幸的是，塑膠已經入侵了我們的家，並讓我們生病。

地板

　　有太多選擇了：超耐磨地板（laminate）、地毯、瓷磚及木材。以下是每種選項的真相。

　　過去幾年間，超耐磨地板變得很受歡迎，因為價格低廉，而且它非常像木頭地板。科技已經演進到讓人難以分辨它是不是真的木頭，零售商甚至可能會利用「浮式木地板」（floating wood tiles）之類的名詞讓你相信它是真的木頭，但超耐磨地板其實是合成的層式地板，通常是用三聚氫胺樹脂和纖維板材製成的，並會用大量的膠將它們合在一起，這些膠可能含有甲醛和其他有害的物質。最上層有逼真的貼花，讓它**看起來**就像真正的木頭。依地板的品質，可以預料若干產品會有一些毒性化學氣體釋出；剛裝設的前幾年，氣體釋出的情況往往比較糟，所以如果地板已經裝了一段時間，釋出的有毒物質或許會達到低點。

　　如果你打算買地毯的話，記得確保它百分之百天然纖維製成的。合成地毯通常是以尼龍或聚酯纖維製成，會不斷耗損，並散入周圍的空氣中，如此一來，你呼吸的空氣將充滿微小的塑膠粒

子，這些粒子會盤踞整棟房子，甚至飄到房子外頭。吸入這類粒子的後果目前還是未知。此外，鋪滿整個地板的地毯通常會使用非常強力的黏膠，安裝之後可能會長期釋出有毒的化學氣體。羊毛和棉會是比較好的選項。

只要是真的陶瓷（亦即經過加熱度定型的黏土）製造的，瓷磚地板會是很不錯的無塑替代品。有些製造商會提供仿造的瓷質板材（laminate ceramic），看起來就像真品一樣，所以記得確保你買到的是真品。上過釉的瓷磚會比較容易清理。要小心如果瓷磚的孔隙越多，就越可能會染上顏色。

木頭地板很美。各種木頭的顏色和質感會替空間增添顏色和溫暖的感覺。不幸的是，絕大部分的木頭會塗覆一層塑膠。為了讓它們變得更容易清洗和保養，很多製造商都會加入聚氨酯塗層，那是一種塑膠基底的塗層，即使這類木頭地板比較耐用且更加容易清理，它們卻會隨著時間耗損，也就是說，微小的塑膠粒子會日漸侵入你所呼吸的空氣中。你可以找用油處理過的地板來取代，雖然會需要更多保養程序（**因為當地板開始褪色時，你會需要重新上油**）但它們比較健康，且提供了天然的霧面外觀，是發亮的聚氨酯無法比擬的。我們曾經在自己家裡安裝用油處理過的松木地板，非常滿意，額外的保養程序其實並沒有那麼糟。

家具

　　二○一三年以前製造的軟墊家具，大多確定含有阻燃劑，這是拜加州法律規定之賜，他們鼓勵在軟墊家具中使用阻燃劑（用於布料及聚氨酯泡棉）。二○一五年起，加州法律要求新的軟墊家具得用標籤標示是否含有阻燃劑，但卻不需要具體指明裡面使用的可能是哪種化學物質。結果就是你得問製造商才能夠確定，比如說，宜家家居（IKEA）就販售有幾款含有羊毛填料、完全不含阻燃劑的家具。

　　而且，家具上的布料可能含有塑膠塗層以避免染上顏色，這是在購買前得特別詢問的資訊。羊毛天然阻燃，隔絕濕氣的效果又好，是很好的選擇。如果想找無塑的坐墊，可以找羽絨、天然有機橡膠或棉質的材質，而非聚氨酯泡棉。

窗簾

　　當你在挑選安裝在窗戶上的窗簾時，選擇天然纖維是很重要的，因為聚酯和尼龍之類的合成纖維每天曝曬在陽光下很容易產生光降解，將塑膠微粒散布到空氣中。棉之類的天然織品可以被製作成厚帆布或優雅的絲絨，能夠非常有效地阻擋光線。麻和亞麻則是其他不錯的選項。

　　至於百葉窗，可以尋找用天然的亞洲紙做的百葉窗，或是木材或竹子天然編織成的百葉窗。實在有太多天然又美觀的選擇，可以很輕易地避開塑膠百葉窗。此外，乙烯基塑膠百葉窗可能是

用含鉛的聚氯乙烯製成的。

【臥室】

在我們兒子出生之後整整七年，我們家裡就只有一張床，是全家共用的床。因為三個人（有一個是小小孩）要依賴這張床的安全及舒適度，我們毫不猶豫就投資了一筆錢買品質最佳的床。因此我們有了個令人難以置信的機會，和北美地區最環保的床墊製造商之一歐峇桑（Obasan）的老闆成為朋友。該公司的總裁兼老闆珍·科里沃（Jean Corriveau），推薦了一款天然有機的橡膠床墊，上面鋪了有機棉及羊毛外層來保護床墊。我們在床墊上花了很多錢，但非常值得。它從第一天起就非常舒適，而且我們知道，因為床墊是全天然有機的，所以不會散發任何揮發性有機物，也不含任何我們可能會在晚上吸入的有毒阻燃劑。當你一天當中會花很多時間睡在某個表層上，和它密切接觸，確定它不會慢慢讓你生病是非常合理的事。

由美國消費品安全委員會（CPSC）所監管的聯邦法規 16 CFR Part 1633 直接判定，床墊可能是一種特別危險的東西。這項「床墊易燃性標準（明火）」的聯邦規範要求製造商必須確保他們生產的床墊不會突然快速地燃燒起來，但追根究柢，為什麼床墊會迅速起火呢？如果是用塑膠製成的，就會這樣，而絕大部分的床墊都是塑膠製成的。沒錯，就是塑膠，它們在床墊裡是以極為易燃的聚氨酯泡棉的形式出現，因為實在太易燃了，它甚至被稱為「固態汽油」。結果，在美國銷售聚氨酯床

墊的製造商必須在床墊裡加入大量有阻燃作用的化學物質，以確保符合規定。

以天然橡膠製成並覆蓋羊毛的床墊本來就不易燃，不但符合美國聯邦法規，而且根本不需添加化學物質。歐峇桑這樣的製造商已經自行進行可燃性測試，證明自家的床墊符合法規，在火災中確實不會快速起火。當你尋找沒有用化學物質浸染過的天然床墊時，至少有兩個選項：天然橡膠床墊或彈簧床墊。就我們所知，網路上流通的資訊有所誤導，根本沒有記憶泡棉床墊是完全天然的，記得要仔細閱讀所有文字說明，天然的部分可能只有床墊的核心乳膠部分，而不包括含有記憶泡棉的上層。記憶泡棉最初是美國太空總署（NASA）研發出來的，基本上是以聚氨酯製成。讓它變舒適的其實是添加進去的化學物質，本質上記憶泡棉一點都不天然。

床的各個組成部位

一張舒適又安全的床所需要的絕對不只天然健康的床墊。一張床墊有好幾層。

- 無論支撐床墊的結構是彈簧床箱、底座還是平台，都要選擇天然的材質。
- 床下墊可以避免床墊和木製床架橫條或粗糙的底座摩擦而過早磨損及撕裂，還可以避免床墊底部接觸灰塵。羊毛是製作床下墊的絕佳材料，因為它可以創造天然的摩擦力，避免床墊往底座上移動。

床的各個組成部位

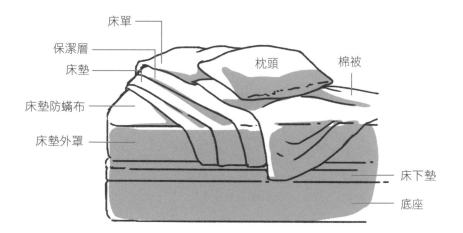

床單
保潔層
床墊
枕頭
棉被
床墊防蟎布
床墊外罩
床下墊
底座

- 床墊外罩是要車縫在床墊上用來保護床墊的布料。當你買下它的時候，就可以在床墊所附的標籤上看到它的成分。記得確認它是用天然材料製成的。我們家的床墊外罩是用有機棉與羊毛混紡製成的。

- 床墊防蟎布可以避免塵蟎一路從床墊跑到睡覺的人身上。選擇緊密編織的有機棉材質，並確保它會緊貼著你的床墊。

- 保潔層很重要，可以避免床墊吸收你的身體在睡眠期間釋放出來的濕氣。還可以防止體液進到床墊裡，讓床墊

保持乾淨。清理床墊是很困難的，所以最好避免讓任何東西把它弄濕。羊毛是一種抗菌、防潮的天然保護屏障。

- 床墊套的用意是要保護床墊免於潑灑和染汙。多加一層的襯墊提高舒適度。基於柔軟度的考量可以找棉質法蘭絨的床墊套，並確保它可以用洗衣機清洗。

- 選擇時，記得確定自己有仔細閱讀標籤。量販店販售的大多使用棉和聚酯纖維混紡製成的，如果想要柔軟一點，可以找百分之百棉質，甚至竹纖製的產品。如果你負擔得起高級品，絲綢則是另一種天然材質的選項。

- 如果想在床上保持舒適，可以選擇簡單的羊毛毯，或找一條冬暖夏涼的棉被。被子裡的絕緣填充物有許多無塑選項：羽毛、羽絨、羊毛、棉絮、絲綢和木棉，甚至乳草（milkweed，**又稱馬利筋，是北美農場常見的雜草，可拿來做衣服、被子的夾層**）。無論是用棉還是絲製成，記得確保外層是百分之百天然材質。紗支數高的布料能夠確保填充物不會輕易跑出來。

- 如果你負擔不起全天然的高品質床墊，那就確保你的枕頭夠健康。你的頭每天會直接和你的枕頭接觸好幾個小時，當你呼吸時，你的枕頭散發出來的微小粒子就會進到你的肺裡。大多數枕頭的填充物都是合成的，可能是泡棉或合成塑膠纖維，最常見的無塑選項是羽毛和羽絨，它們會比較貴，但完全值這個錢。你還可以找到棉、絲、羊毛甚至蕎麥等天然填料。記得確保你用的枕頭套是用百分之百天然棉或絲所製成。再強調一次，閱讀所有成分標籤實在太重要了。

嬰兒床

你或許會覺得前述可燃性的規範並不適用於嬰兒床墊。其實適用，而且因為小孩的身體和腦袋都正在長，甚至會更難承受床墊釋出的防燃化學氣體所帶來的嚴重後果。二〇一三年五月，一篇在《科學人》出版的文章說明了阻燃劑多溴二苯醚（polybrominated diphenyl ether，簡稱 PBDE）和孩童智商偏低之間的關聯，幸運的是，二〇〇四年起製造商已經逐步大幅淘汰這些阻燃劑，但我們認為應在學者針對多溴二苯醚的替代品的效果發表研究成果之前，就應該採取預防措施。

現在已可在專門店買到用羊毛、彈簧和有機椰殼纖維製成的無塑嬰兒床墊。再提醒你一次，記得小心號稱「天然」的記憶泡綿床墊，因為那可能不像你以為的那麼天然。

【衣服】

除非你是終年生活在溫暖地區的裸體主義者，否則你透氣的皮膚（這是你身體最大的器官），就會和衣服花很長的時間在一起。而你甚至沒有意識到，你穿的許多衣服都是用塑膠製成的。沒錯，我們通常想像塑膠是一種硬而薄的材質，用來製造盤子、瓶子、袋子和玩具，很難想像衣服是用塑膠製成的。但其實有各式各樣的塑膠布料被用來做衣服，這些合成織品可能充滿了毒性化學物質，它們會穿透你的皮膚，造成嚴重的健康問題。根據估計，有八千種以上化學物質被用在成衣的製作。

常見的塑膠衣料，潛伏著驚人的毒性物質，包括乙烯基塑膠中干擾內分泌的鄰苯二甲酸酯、防水布料 Gore-Tex（還有 Scotch-guard 或 Teflon）中會致癌的全氟烷化合物（PFC）、萊卡彈性纖維 Spandex 和 Lycra 中會刺激皮膚的異氰酸酯，以及氯丁橡膠中的致癌物質硫脲（thioureas）。

除了純塑膠的衣料以外，還有半合成的衣料如嫘縈（rayon），甚至是棉這樣天然的衣料，也要注意其他許多有毒的化學物質：

- 致癌物質甲醛：在號稱可以抗皺或不起皺摺、抗染汙、抗縮水、抗靜電、抗黏、防水、防汗、防蛀蟲和抗黴菌的衣料中。
- 會干擾內分泌化學物質多溴二苯醚：在衣料中作為阻燃劑使用，預計清洗五十次以上仍然存在。
- 會干擾荷爾蒙的化學物質三氯沙：作為抗菌劑使用。
- 奈米銀顆粒：見於某些抗臭、抗染汙及抗皺衣物中。這些極度微小粒子會造成什麼後果目前仍是未知，但它們實在小到可以輕易穿過皮膚，並直接進入你的血液循環，在全身運行。請注意，任何會穿透你皮膚的物質一開始都不會進入你的肝臟——這是你身體裡最主要的排毒器官。

等等，我們還沒說完……還有會致癌的染料、家用殺蟲劑、農藥和殺真菌劑。你還可以回想一下，我們在上面提到的重大環境問題：合成衣服（像是聚酯纖維羊毛）中的微塑膠粒子，會在你洗衣服時被沖進下水道，並已在全球水域中造成大規模的汙染。它們本

身就是有毒的塑膠，還會吸附水中的有毒物質，並透過水生野生動物將它們集中在食物鏈，順勢進到吃下魚類的人類體中。

如果你有無法找到原因的健康問題（像是皮膚刺激或疹子、搔癢、慢性疲勞、頭痛、呼吸困難），或許可以仔細檢查你的衣服（或許還包括床單和毛巾），試試看如果用天然布料代替合成布料，你的症狀是否會有改善。要記住，多種化學物質（如在衣服中發現的化學物質）的加乘及累積效應可能會讓你生病。

讀完以上的介紹後，如果你迫不及待要清掉自己家裡的合成衣服，最好是先觀察，再一點一點進行。當然，如果你對化學物質很敏感，而且懷疑自己的衣服正讓你的症狀明顯惡化，果斷行動應說還是值回票價。我們同樣有過對化學物質敏感的體驗，很瞭解它對健康的影響有多大、又多難以診斷。

以上會帶出幾個我們想分享的重點，還有幾個在你試圖避開合成塑膠或其他做過化學處理的衣服時可參考的秘訣。本書最後的附錄章節中，提供了一些建議，有一些公司販售比較健康的無塑衣物。

- 棉：棉很柔軟、透氣且具有吸收力，而且不像合成纖維會留下氣味。而且棉是不帶電的。所以不會產生靜電，有機棉是很理想的選擇。

- 羊毛：它是絕佳的絕緣材料，即使濕了也還是絕緣（它天然就具有吸收力），而且很透氣，所以在溫暖與寒冷的天氣中都很舒適。並且不需要添加化學物質去為它增添某種特殊性質，它天然就很耐用、防霉、抗皺、不會引起過敏，而且本來就具備阻燃的特性。有機的、當地產的或合乎動物倫理的羊毛是最好的。

- 麻：跟棉很類似，它很透氣、在皮膚上的觸感很柔軟，天然防蟲防霉，種植時不太需要殺真菌劑和農藥。盡量找有機麻是個好主意（如果可以取得的話，因為它還不是那麼常見），但就算是非有機的麻，其含有的化學物質都比合成纖維或傳統的棉少很多。

- 竹纖：竹纖維的質地、柔軟度和透氣性與棉、麻很類似，但是得小心，因為並非所有竹纖衣物都是用同樣的製程製造的竹子。竹子跟麻類似，即使不使用殺蟲劑、除草劑或肥料也能夠迅速生長，但很多竹纖衣物其實是嫘縈，這是一種半合成的聚酯纖維，實際上是用強烈的毒性化學物質將纖維漿分解，得出纖維素，再將之製成纖維。你要確保衣服上有萊賽爾纖維（Lyocell）或天絲棉（Tencel）的標籤，這代表它是用比較不那麼化學密集的封閉循環製程製造的，而且有回收使用過的化學溶劑。

- 皮革：皮革強韌、持久耐用、而且很時髦。如果你想買新的皮革產品，那就選擇高品質、來源合乎動物倫理、你預想自己餘生都會使用的產品。或者你可以尋找二手的皮革，在二手貨商店和古董店裡絕對不乏精美的皮革產品。但要小心人

造皮或仿皮（又稱為 Naugahyde），它很可能就是有毒的 PVC。但是對純素主義者來說，市面毒性低的仿皮選擇比較少，記得要問店家它是用什麼材質製造的，並審慎評估它的毒性。因為皮革可能會伴隨一些沉重的議題，合乎動物倫理的來源或二手皮革會是最好的皮革產品。

- 絲：絲是印度紗麗（saris）和日本和服（kimonos）的主要材料。它很柔軟、滑順，而且擁有獨特的光澤和垂墜感。它有很多優點，不論溫暖或寒冷的天氣，在活動時穿上它都會很舒適。它對濕氣的吸收力很好，導電性又低，所以能讓暖空氣維持在皮膚附近。蚊蟲無法咬穿天然緊密編織的絲。現在絲綢有一種越來越普遍的替代品，叫做「和平絲」（peace silk），是在印度用蛾蛹做的，等蛾破蛹而出，再把蛹收集起來就好，不需要殺生。

- 還有其它可選擇的材料：羊駝毛、兔毛、喀什米爾山羊毛、黃麻、亞麻、美麗諾羊毛和馬海毛。

符合純素主義的選擇：我們寫這本書的目的是針對塑膠毒性和汙染的議題，並且提供較為安全、比較不會造成汙染的替代品，但我們並未姑息或贊同那些殘忍對待動物的人，而且我們也發現讀者當中有些人可能在尋找嚴格遵循純素主義的衣服替代品，避免對動物或任何生物產生直接衝擊，如果你是這樣的人，購買二手物品會是個很不錯的選擇。你也可以看看善待動物組織（People for the Ethical Treatment of Animals）收集的

符合純素主義衣物的公司清單，該清單建議了符合純素主義而可取代羊毛、絲和皮革等材質的替代品。但要注意，有許多替代品都是用塑膠製成的（儘管可能會有一些是利用創意再次使用的方式升級循環，因此扭轉了最終進到垃圾掩埋場的命運），因此在評估符合純素主義的替代品時，就毒性這方面來說，你得更加用心。

更多無塑衣物的秘訣

- 做些研究。清楚了解你需要或想要的是什麼。對那些傳統上塑膠製或是含有塑膠部件的東西，上網搜尋看看販售無塑且合乎動物倫理的替代品的品牌。比如說，與其選擇乙烯基塑膠材質的雨衣，其實可以找找其他你可能不曾考慮過的材料，像是羊毛、皮革或打過蠟的棉質防水油布。

- 先從會跟你的皮膚接觸的衣物開始。針對最貼近皮膚的衣物選擇天然有機纖維的織品，以降低暴露在化學物質中的機率，像是內衣、襪子、睡衣、褲襪、吊帶背心和 T 恤。許多胸罩都有額外的泡棉填充物，可以找找不含泡棉的。

- 擁抱你的個人風格。找出幾個代表你風格的高品質產品。如果你不知道「自己的」風格是什麼，只要把重點放在穿上去讓你感覺不錯的衣服上，再看看你要如何用無塑、非合成的標準找出這類衣服。

- 尋找多重用途、簡單、變化多、高品質且合身的衣服。相對於你一年可能只會穿幾次的衣服，可以選擇美觀、做工考究、容易和其他衣服混搭的衣服，重質不重量。品質好又耐穿的衣服可以保存比較久，而且比較容易修補（皮革、金屬

皮帶和扣環）。花同樣的錢，與其買很多便宜、有毒、不耐穿，而且一兩年就可能會丟掉的衣服，不如買幾件品質良好、可以穿上幾十年的衣服。對了，記得確保你買的衣服完全合身。

● 支持販售衣服的理由。你甚至可以瞄準會用收入來處理塑膠毒性與汙染議題的品牌，像是塑膠汙染聯盟、五大環流研究所和塑膠海。

● 二手舊衣（舊貨商店、寄售商店、跳蚤市場、還有 Freecycle、Craigslist、Etsy、eBay 的「二手衣」）。這個想法會讓你卻步嗎？讓我們立刻揭露幾個迷思：

◆ 它們很髒。就我們的經驗來看，實際上從來都不是這樣。如果衣服真的碰巧是髒的，那就把它們拿去洗吧。而且無論如何，任何從店裡買來的衣服都應該先洗過，新的還是二手的都一樣。全新的衣服甚至可能比事先洗過的二手衣還髒，因為它可能被各式各樣的人試穿過，或甚至買了也穿過，然後沒洗就拿回去退。

◆ 它們的外觀很糟糕。再說一次，我們的經驗完全不是這樣。大多數的二手衣商店都只會挑出品質最好的衣服來展示，你很少會看到有洞或破掉的衣服（除非那是設計的一部分）。而如果它們的外觀很糟糕，那就**不要買**。

現在讓我們把重點放在二手衣吸引人的優點：

◆ 它們的價格比新衣服低廉許多。

- 它們可能來自房屋拍賣或家庭捐贈，所以你可以找到經久耐用、品質絕佳的寶貝，以及獨家設計師品牌。
- 如果你要買合成材質的衣服，二手衣跟新衣服相比有極大優勢：衣服已經大量排出毒性氣體，因此你接觸的化學物質會少得多。
- 顯著的環境優勢：你正在重複使用衣服，不需要投入新的資源（或化學物質！）不需要運輸，也不需投入能源。

● 利用天然纖維自己做衣服。記得要審慎評估你買的布料，確保它是經過認證的有機材質，並且來自可信賴的來源。

● 將你不再需要的衣服送給別人。送給朋友、家人、同事、社區中有需要的人，或慈善事業（如 Goodwill）。和你朋友定期交換衣服。

● 改變破舊衣服的用途或拿去回收。不要丟到垃圾桶裡，至少拿來當作抹布使用。Patagonia（這是個戶外用品品牌）對他家的衣服提供了一份卓越的 DIY 修補指南，甚至會開著時髦的「Worn Wear」移動修復卡車在大學校園巡迴，提供免費的衣服修補課程與服務。如果衣服是合成材質，而你又想丟掉，可以聯絡製造商，詢問如何回收或處理，才能減少對環境的衝擊，也或許它們可以回收這些衣物。正如我們向來宣傳的，回收應是你把某樣東西丟進垃圾桶之前的最後手段。至於回收，Goodwill 提供大型回收箱，可以回收天然與合成材質的衣服。而且還有「The Freecycle Network」，它是世界上最大的重複使用與回收網站，在那裡你可以找到一些當地團體協助你重複使用及回收。

- 那鞋子呢？這跟衣服並沒什麼兩樣，他們適用同樣的議題，擁有同樣的特色，在某些方面更是如此。鞋子往往含有許多塑膠，是我們會穿在腳上帶著到處走的化學垃圾，尤其是運動鞋。我們幾乎不可能單靠自己去辨認並避免買到含塑的運動鞋，所以最好的辦法就是購買一雙高品質、合腳的鞋子，並盡可能地延長它們的壽命，接著再拿去回收。

- 攜帶自己的袋子。如果你要去買衣服，無論是新衣服還是二手衣，都別忘了帶可重複使用的袋子，好把你的戰利品帶回家。如果你忘了帶自己的袋子，可以把你買的衣服紮成一綑帶走。

【嬰兒與兒童】

　　我們往往是等到有了小孩，才開始關注環境當中的有毒物質。這個尿尿小童會變得甚至比我們自己還要重要，而且我們會希望給他們最好的。這是我們自己的親身遭遇，真的是當我們的兒子出生時，我們才開始擔心他會接觸到的所有塑膠產品，並懷疑它們的安全性，從玩具到水杯，所有物品似乎都是用塑膠製成的。

布尿布

　　我們很早做出的一個決定是使用布尿布，不只是因為我們想避免接觸熱門品牌的拋棄式尿布中的許多化學物質，還因為那可能會讓寶寶柔軟的肌膚出疹或發炎，另外也想限制自己製

造拋棄式塑膠垃圾量。根據美國環境保護局的調查，美國在二〇
一四年製造出三百三十萬公噸的拋棄式尿布。那可是大量非常噁
心、有毒而且非常惡臭的塑膠！

　　布尿布是在過去三十年內演進出來的。改用布尿布其實比許
多人想的都來得簡單。有很多種布尿布可以選擇，你可能急著要
找出最適合你和寶寶的那一種。以下是針對主要幾種布尿布的簡
單介紹。

兩步驟的布尿布

尿布的吸收層。可能是折疊型
（prefold如圖示）、合身型（fitted）
或與輪廓型（contour）的尿布

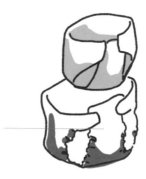

可重複使用的防水套

　　布尿布有兩大類：一步驟型和兩步驟型。傳統的兩步驟布尿布，使用以防水尿布套保護的吸收層。不意外地，絕大多數的尿布套都是塑膠製，通常是尼龍或……令人難置信的是，甚至用了有毒的聚氯乙烯（PVC）。就我們所知，羊毛是唯一天然、無塑的防水材料，非常適合當做尿布套。我們會推薦使用四合扣的羊毛套，而非直接套上的款式，因為那很難穿上，而且對寶寶來說會有點不舒服。

　　一步驟的布尿布有點像拋棄式的尿布，因為它在一塊尿布裡結合了吸收層和防水層。 在寫下這段文字的此刻，我們還沒找到任何無塑的一步驟布尿布。要避免使用一般有口袋的布尿布，因為口袋的部分通常是用超細纖維做的，眾所皆知，它在每次清洗時都會產生數以百計的微小塑膠粒子。

　　如果想找無塑的購物選擇，請見附錄章節的布尿布。

玩具

　　二〇一〇年十一月十日，我們在自己的部落格上發佈了一段 YouTube 影片，影片裡是一個非常可愛、九個月大的小嬰兒，正在兒童遊戲室裡玩他的玩具。那段影片是縮時攝影，實際錄製的時間大約四小時。在影片當中，小嬰兒把塑膠玩具放進自己嘴巴裡的次數大約是三百次，而那還只是這個嬰兒人生中的四小時而已。因為嬰兒對世界充滿好奇、且喜歡用嘴巴探索它，確保他們不會嚼食塑膠是極為重要的。

多虧了網路的力量，現在市面上已經有許多無塑玩具可選，但你可能無法在大型連鎖玩具店買到。主流商店是便宜塑膠玩具的殿堂，成排的塑膠垃圾大約第二年就會被丟進垃圾掩埋場，因為塑膠玩具的品質往往低劣到會輕易裂開，也未必會被傳給下一個手足。父母可以尋找木質的卡車、絲質的仙女裝、羊毛氈做的水果和蔬菜，有些線上商店也會專門販售天然材質的玩具，而且可選擇的數量相當可觀。

因為小孩很喜歡模仿自己的父母，另一種可以考慮的玩具主是迷你版的成人工具，像是成套的迷你烘焙工具、迷你園藝工具和迷你工具箱……全都是用木材、金屬和天然纖維等天然材料製成的。等孩子長大，開始喜歡玩其他類型的遊戲，父母還是能夠繼續使用這些東西。

碗盤

如果你很小心地不讓孩子接觸塑膠玩具，你可能也會想要確保他們不會用塑膠杯子和碗盤吃東西或喝水。基於許多原因，不鏽鋼碗盤是最佳的無塑選項，最主要的原因當然是可以避免釋出的化學物質，但還有一個關鍵原因是不鏽鋼不像玻璃及陶瓷，摔到地上也不會破掉。它們非常耐用，而且可以傳給下一代；它們的用途可以改變，變成露營用的碗盤；它們也有正面的回收價值，意思是當你把不鏽鋼產品送去給回收業者時，是可以拿到錢的。而且最重要的是，它們在洗碗機中可以透過高溫徹底消毒。

不幸的是，大多數的托兒中心不使用不鏽鋼製品，而且在餐與餐之間還會使用化學消毒水消毒碗盤。這類托兒中心往往會選擇美耐皿材質的碗盤，因為它們的單價非常低廉，然而這只有短期省錢的效果，因為美耐皿材質的碗盤很快就會磨損、褪色。一位管理四家托兒中心的主任告訴我們，他每六個月就需要更換自家碗盤庫存的清單。可以考慮把不鏽鋼碗盤推薦給你使用的白日托兒中心，或是要求他們允許你的孩子使用自己的不鏽鋼碗盤。

衣服

說到小孩的衣服，由於美國關於易燃性的法律規定業已生效，因此選擇用天然衣料製成的睡衣就特別重要。該項法律規定，尺寸從九個月大到十四號的兒童睡衣必須通過某些易燃性測試，或者要足夠緊密貼身，睡衣材料中添加了多種化學物質，以符合這項標準，包括經氯化及溴化的阻燃劑。這些特殊種類的阻燃劑容易堆積在體內，而且不容易從衣服中洗掉，因為該項規定要求化學物質必須能耐得住至少五十次清洗，而所有以合成衣料製成的睡衣都含有阻燃劑。

避免接觸它們最好的方法就是避免合成衣料，像是聚酯纖維及尼龍。你可以購買舒適合身的天然衣料睡衣，像是有機棉。舒適合身的家居服符合易燃性的法規標準，因為它足夠貼身，不是那種容易著火的寬鬆衣料。非有機棉製成的睡衣可能還是含有阻燃劑，另一種適合製造睡衣的織品是羊毛，它本身

273

就是天然的阻燃劑。

【家庭辦公室】

身為線上事業的經營者，我們花了很多時間在家工作。我們極力追求無塑的辦公空間，但是對於家庭辦公室裡一些最重要的元素，目前還無法找到不塑的替代品，比如說我們的印表機。

印表機

我們有好幾台印表機，而且這幾年來已經用壞了好幾台。印表機這種東西天生無法持續使用，事實上，家用印表機這一行的商業模式就是建立在浪費這個前提之上。你可以很輕鬆地找到價格不貴的印表機，但在印表機剩下的生命週期內，卻必須去買昂貴的塑膠墨水匣。這就是印表機製造商能不斷獲利的方式。塑膠墨水匣很貴，有時候利潤幾乎是高達百分之一千，一塊含有少量墨水的廉價塑膠要價二十到二十五美元，但製造成本或許還不到兩美元。最近，愛普生（Epson）等公司已經引進配備大型墨水槽的印表機，一年最多只需要填充一次。填充墨水槽的時候，你必須買一罐墨水，儘管填充墨水是用塑膠罐裝的，但這個系統可以讓你省下買好幾個拋棄式塑膠墨水匣的錢。

另一個選項是把你的墨水匣拿去專用店填充。連鎖零售商好市多（Costco）就有提供這項服務，支援的品牌包含惠普（HP）、佳能（Canon）、愛普生和兄弟牌（Brother）。最後，如果你是喜歡 DIY 的人，其實可以購買填充工具組，裡面有一種像針筒一樣

的裝置，讓你可以把墨水注射到空的墨水匣裡。我們試過幾次，雖然有點手忙腳亂，但確實可行，在大型連鎖零售商和線上商店都買得到這種工具組。

文具

每年都有數以百萬計的原子筆賣出，之後再並被丟棄，因為它是由好幾個元件組成的，這種塑膠筆很難被回收。可以考慮用有可填充墨囊的鋼筆和一瓶墨水來替代。再次發現手寫的樂趣吧！如果你想用各種顏色的墨水，玻璃筆可能非常適合你，它們可以把墨水留在玻璃筆尖上的凹槽裡，只要很快洗一下，就可以輕鬆地更換顏色。

漿糊的製造方式很簡單，只要用同等分量的麵粉和糖，再加入一些水，就能讓它變成濃稠的糊狀。或者你也可以選擇義大利製、裝在金屬罐裡的 Coccoina 牌杏仁味全天然漿糊。

【寵物】

我們先從麻煩的東西開始吧。寵物排遺實在很難處理，你不會想把它放在自己家的堆肥箱裡，因為它可能會汙染未來的堆肥土壤。你居住地的公共堆肥單位可能也不會接收它，因為會有細菌和疾病汙染的問題。你不想使用堆肥袋並把它送到垃圾掩埋場，因為可能會產生麻煩的甲烷。而且，有些政府單位禁止居民透過公共垃圾系統丟棄寵物排遺。因此，如果沒有地方能讓你的寵物放肆奔跑並自然地方便，那麼，依照我們的看

法，你有幾個選項可以考慮，就看於你居住的地區怎樣比較方便：❶ 使用可用於堆肥的寵物排遺馬桶（沒錯，真的有這種產品）；❷ 把它丟在你家裡的馬桶裡；❸ 使用寵物排遺收集服務（沒錯，大城市裡真的有這種服務）；或是 ❹ 把它拿到中央寵物排遺堆肥站（沒錯，真的有這樣的地方：科羅拉多州的丹佛市就有一個引人注目的堆肥站，叫做 EnviroWagg）。

至於運送寵物排遺的問題，如果你想拿它去做堆肥，可用於堆肥的大袋子或紙袋都不錯。如果你不想的話，可以考慮設計一個小桶子或是容器，要有蓋子和搬運用的把手，把它當做散步時隨身攜帶的大便容器，用來收集寵物的糞便。一回到家裡，就可以馬上把它沖進廁所馬桶，每次散步完都要清洗，但卻完全不需要袋子。

至於食物，試著散裝購買，可能的話，用可用於堆肥的紙袋來包裝。給餐時，可以使用不鏽鋼或陶瓷碗，食物和水都是。多層（至少要兩層）的提鍋是一種非常方便的寵物旅行工具組，它有把手便於攜帶，而且裡面的容器可以一層裝乾食，一層裝濕食，等抵達目的地，或是在旅行途中，可以用另一層容器設置一個輕便的給水盆。外出要攜帶有液體的濕食時，不鏽鋼容器也很便於密封。

試著避開用塑膠和合成纖維製成的寵物玩具，理由跟不推薦給兒童完全一樣，它們會直接進到寵物嘴裡，隨著時間過去，還會被嚼碎、撕裂。請尋找天然的玩具材料，像是有機棉、麻、繩索、木頭和羊毛。

你還可以找到用木頭和天然毛鬃製成的清潔刷。比如說木製的狗狗清潔刷，其中一面可能是堅硬的木製刷齒，用來解開打結和糾纏的毛，另一面則是質地輕的植物纖維刷毛，把在外面亂跑的寵物身上的毛梳亮。至於貓咪，如果牠們喜歡、心情好、而且沒什麼更好的事可做（像是閒逛或睡覺、或是忽略乏味的人類）大多很喜歡被梳毛。帶有柔軟植物纖維刷毛的木製刷子可以避開一般塑膠製品的命運。

【花園】

自己種菜是減少家中拋棄式塑膠包裝的絕佳方法——更不用說新鮮、當地產的有機農產品帶來的顯著健康效益，再加上自己親手耕作養活自己和家人的深刻滿足感。考慮到塑膠中毒性化學物質的複雜混合物會滲入土壤，並汙染親自培育的水果和蔬菜，盡可能減少在自家花園使用塑膠是非常合理的。

無塑生活專家貝絲‧泰瑞和琳賽‧米爾斯在他們的部落格上發表了關於無塑園藝經驗的精彩文章，我們強烈建議你去看一下，特別是當你從頭開始建立自己的花園，並想要盡可能減少使用塑膠的時候。根據她們的秘訣以及我們從朋友、自身經驗及研究的成果，我們整理了一個用來減少使用園藝類塑膠的列表：

● 園藝工具：木製工具和金屬工具——泥刀（編註：抹刀）、鏟子、鋤頭、乾草叉、提桶和手推車——在標準

277

園藝店或五金行都很容易找到，或者購買二手商品（在 kijiji 和 Craigslist）也可以。能跟朋友、鄰居或當地工具租借用庫借更好。

- 土床：如果你的花床裡還沒有肥沃的有機土壤，你需要自己製做一些。 這很容易，使用花盆或花槽，或是用未經化學處理的木板（請記住，接觸土壤的任何東西最後都會進入植物之中）製作一個簡單的升高花床（raised bed）。

- 土壤：如果你只買少量土壤，很難避免塑膠包裝。如果你自己沒有堆肥，可能會需要購買堆肥或肥料來為土壤提供所需的營養物質，這通常也用塑膠包裝。解決這個問題的方法之一，就是與鄰居一起大量購買。如果你選擇購買袋裝土壤，那麼，如果你居住的地區可以回收這些袋子，請嘗試回收袋子（你需要先把它們清乾淨）。由於土壤很重，這些塑膠袋會是非常厚重的聚乙烯塑膠，若是直接扔進垃圾桶，是很浪費的。琳賽‧米爾斯發現到一個有趣的折衷辦法，大大減少了塑膠浪費：椰子殼，這是採收椰子之後會產生的廢棄物。將一平方英呎大的椰子殼打散，大約可以得到一個手推車大小的填料，可將它們與土壤、堆肥、糞便肥料、化學肥料混合，來加入營養成分。

- 花盆和花槽：多年來，我們累積了相當數量的花盆和花槽，有一些是用塑膠做的，有一些則是用陶土做的。我們肯定比較喜歡陶土材質的花盆，但要種花的話，還是需要塑膠花盆。這種塑膠花盆和花槽大多數是由聚丙烯（PP，塑膠分類編號 5 號）或高密度聚乙烯（HDPE，塑膠分類編號 2 號）

製成，這兩者都是可回收利用的高品質塑膠。如果你是購買種在花槽裡的植物，而且之後不需要這個塑膠容器（*例如你要將它們移植到手邊其他花盆中*），請將花槽還給你買植物的那家商店或苗圃。目前也有用可再生穀物纖維（*例如稻殼*）製成的生物塑膠花盆，他們可以維持數年，並可進入公共堆肥設施中做成堆肥。此外，你還可以找到由回收廢紙製成的模塑纖維花盆和花槽，這些盆栽和花槽的設計可持續一季左右，並能直接被種在土壤中。

- 種子：要找到紙質信封包裝的種子並不困難。任何園藝商店都會有一系列選擇，或者你可以上網很快查一下有機種子，將會發現許多高品質、非轉基因的種子可供選購。更好的做法是，大量散裝購買優質種子並與朋友和鄰居進行交易。要是你的花園需要整地，你可以保存收穫的種子，以便在下一年使用——你可以將它們存放在玻璃罐中。

- 育苗容器：一般育苗都是用那種輕薄、廉價的聚苯乙烯（PS）或膨脹聚苯乙烯（聚苯乙烯泡棉）塑料模具。這兩種塑膠都是塑料分類編號 6 號，最好盡可能避免使用這類花盆，因為它會釋出聚乙烯。不僅塑料有毒，而且容器非常薄，容易撕裂和碎裂，很難重複使用（*考慮到毒性問題，這不是你想把將拿來吃的植物種進去的盆子*）。另外，聚苯乙烯塑料的回收率最低。幸運的是，有幾種 DIY 無塑選項：

◆ 介質造塊器（soil blocker）：這是園藝用的餅乾模，有了它，你完全部不需要任何塑膠盤或塑膠容器。這個裝置可以把土壤做成一個一個有洞的小方塊，我們可以把種子種進洞裡，再用土壤覆蓋，靜待它們萌芽。或是你可以直接把這一整塊土放進最後要定植的土壤中，這樣就連換盆都省了。

◆ 紙蛋盒或衛生紙捲筒：蛋盒中的小隔間是起苗的理想尺寸，一旦它們發芽，就可以將盒子切開或撕開，直接種植在土壤中。或者你可以用紙板做的衛生紙捲筒製作小罐子，用剪刀在管子一側向上四分之一的地方均勻剪四刀，然後將它們向內折疊起來，做成種子罐的底部。無論是用蛋盒還是捲筒，紙板在土壤中會自然降解。

◆ 紙質幼苗容器：你可以拿一長條報紙或牛皮紙（寬度約十至十三公分）在凹底的葡萄酒瓶底部周圍滾動一圈，然後折疊底部做一個小盆，做出自己的小型容器。你也可以Google「報紙育苗盆」，很多網站上有照片或影片示範如何製作。這裡唯一的問題是報紙上的墨水，如果你不喜歡這種墨水進入土壤，那麼回收再利用的包裝用牛皮紙會是一個好選擇。絕對不要用彩色報紙，因為彩色墨水含有更多添加劑，其中可能含有重金屬。

● 植物標籤貼紙：當你從園藝店或苗圃買進幼苗或植物時，店家通常會附上一個小小的塑膠標籤，標示植物的名稱，這些標籤通常是聚苯乙烯塑膠製成的。我們曾經好幾次拿到一大堆盆栽標籤，把它們丟進回收箱——我們心裡明白，它們最

後可能會進到垃圾掩埋場。比較好的解決方法可能是試著把它們送回你購買植物的苗圃，如此一來，這些標籤就能夠被重複使用。如果你所有的植物都是用種子或幼苗開始種的，等它們種進土裡，你就可以用手寫的冰棒棍來標示，或是插上空的種子袋。

● 護蓋物：你會問：什麼是護蓋物？那是你會放在你所種的植物周圍的土壤上，避免雜草叢生、同時保持土壤溼潤的東西。常見的護蓋物包括有機稻草、未加工的青草剪枝和葉子，但也很常使用黑色塑膠布，尤其是在一長排的植物上，因為它不只能抑制雜草，還能讓土壤保溫跟保溼。問題在於持續打在塑膠上的陽光，會增加化學物質釋出到土壤裡的機率。現在有一些生物塑膠做的護蓋物，宣稱百分百可生物降解，但正如我們在前面的章節說明過的，你必須非常小心生物塑膠對於可生物降解和可用於堆肥的說法。所謂的生物塑膠其實可能只是分解得比較快的塑膠，或者是以植物為基底的生物塑膠，充滿了添加劑，跟傳統石化塑膠沒什麼兩樣。如果可以的話，最好還是選擇天然護蓋物，因為它才能確實生物分解，且會將豐富的養分餵養給土壤。

● 灑水：我們很喜歡自己家的鍍鋅不鏽鋼灑水壺，而且那肯定是我們在夏季月份會選擇的灑水工具。也就是說，當你家四周種有了很多植物時，你可能會比較想用水管，我們其實也有兩條水管，一條的材質是聚氨酯，另一條是橡膠，都是我們幾年前買的。一開始我們買的是

281

聚氨酯，心想它是很棒的選擇，因為它並不是必得避免的聚氯乙烯（PVC，*毒性很強*）；聚氯乙烯水管會釋出鉛和會干擾內分泌的鄰苯二甲酸酯。不過我們需要第二條水管，才能繞過整棟房子，所以我們買了橡膠水管，覺得它會是比聚氨酯更好的選擇。接著我們讀到貝絲・泰瑞關於無塑園藝的部落格文章，在文章中她解釋說，大多數橡膠水管都不是用天然橡膠製成的，而是從石油提煉出來的合成三元乙丙橡膠（ethylene propylene diene monomer，*簡稱 EPDM*）。我們實在該好好做功課的。接著還有水管的配件，可能是黃銅做的，這種材質可能會釋出鉛。你還會想避開可能經過抗菌或抗真菌處理的水管，像是 Microban 或 Microshield 這兩個品牌的產品，因為它們可能含有會干擾荷爾蒙的三氯沙，還可能含有雙酚 A。對花園水管來說還真是一波未平，一波又起！因為我們還沒找到天然橡膠製的水管，結果似乎就是，目前最好的水管是無鉛、無雙酚 A、無鄰苯二甲酸酯、而且有 FDA 飲用水安全認證的聚氨酯水管。沒錯，它的材質是塑膠，但它顯然是目前兩害相權取其輕的選擇。在附錄章節中的花園部分下，你可以找到一些可能的選項。

● 除了堆肥，還是堆肥！如果你能找到一種方法來把你的有機廢棄物做成堆肥，那就做吧，不管它是後院裡一個完整的堆肥箱，還是公寓裡一個用來養殖蚯蚓的歐洲紅蚯蚓堆肥箱。一般來說，你會對堆肥能減少多少垃圾的程度感到驚訝。如果有空間，建立一個堆肥箱的很容易的，你能找到許多塑膠做的家庭堆肥箱，但自己做一個也很簡單。它基本上就是一

個可以呼吸、在頂部和底部有開口的箱子而已。我們自己用四個舊木棧板和一些木夾板做了堆肥箱，十年後它仍然屹立不搖，並且欣欣向榮。

用你家裡自己的堆肥箱、或是透過公共系統進行堆肥，這跟無塑生活及整體廢棄物減量息息相關。

第五章

傳播無塑的
生活態度

還要和你的家人、朋友、同事分享

　　想看看正面影響力如何激起正面行為的例子，只要觀察那些可敬人士的孩子就好了。這些孩子終其一生都看著自己的父母為他們所關注的議題努力，並因此受到激勵，去追求相同的使命。看看塔拉・卡里斯（Tara Cullis）和大衛・鈴木（David Suzuki），這兩位知名加拿大環境保育專家的女兒瑟玟・卡里斯-鈴木（Severn Cullis-Suzuki），她打從九歲起，就已經是環保運動中活躍人物，能見度也高。我們可以影響自己的孩子，同樣地，我們也可以影響我們的兄弟姐妹、父母、外甥、外甥女——一次一個人就好。

　　儘管你的無塑旅程正逐漸進步，但請記住，這是件非常個人的事情，每個人「原來如此！」的時刻都不同。批判或爭辯的態

度無益於助人領悟，相反地，他們可能會更加堅持自己的立場，避免丟臉。

要和你的朋友、家人和同事分享你的觀點，但是不要太過用力地推動這個議題，有一個很不錯的方法，就是辦一場激發塑膠覺醒意識的活動，請他們來幫忙。比如說，淨灘或是影片放映會是個好的開始，在幫你忙的時候，他們將會實際參與這個議題，也可能會產生對塑膠議題的頓悟。就算沒有，至少你也知道，你已經讓他們更了解這個議題了，這全都要一小步一小步地推動。

總結來說，保持寬容和同情心是很重要的，如果你已經意識到這個舉動將產生嚴重的衝突，就不要太過強硬或嚴厲，尤其當對象是朋友和家人的時候。比如說，要避免只因為禮物是塑膠做的、或是用塑膠包裝的，就拒絕收下。這樣無禮又傷人，還可能讓某個出於好意送禮給你的人與你產生難以彌補的嫌隙。

▌和朋友共進晚餐

邀請朋友來用餐的時候，試著不要讓他們有機會帶塑膠製品來。大多數人出於禮貌，會帶食物來加菜，而且他們往往會問「我可以帶些什麼」？記得向他們建議那些你很確定不會用到塑膠的東西，比如一瓶紅酒（祈禱他們挑的酒用的是真的軟

木塞）、氣泡水、或是蘋果西打。你或許還可以要求自製的沙拉或新鮮的麵包。如果你要他們帶洋芋片或玉米片，就可能會面臨塑膠袋的困擾。

【送禮物】

告訴朋友和家人，你不想收到任何有塑膠的禮物，無論禮物本身是塑膠做的、還是用了塑膠包裝都不要。這件事要小心以對。畢竟，送禮是人們發自內心的行為，一般人不會希望有人告訴他們該怎麼做，不然那就不算是禮物了，會變得像是有人在下單，失去這件事本質上的美好。

以下有幾個建議，或許可以幫你讓那些對你來說很重要的人了解，不要讓在你重要活動上收到任何塑膠，對你來說是很重要的，而且不會因此傷了感情：

寫下來

如果在電話裡或家庭聚餐的場合中親自告訴大家，會讓你覺得不自在，何不用電子郵件或臉書，一次公告周知，這樣不就不會有人覺得你在針對他了嗎？你可以告訴大家說，這是你對自己許下的新承諾，需要大家的配合。

鼓勵捐款給對抗塑膠汙染的組織

你可以讓你親愛的人和同事知道，你現在投身全球性抗塑膠汙染的戰役。而如果他們覺得不可能給你一份不含塑膠的禮物，可

以選擇用你的名義捐款給那些同樣投入對抗塑膠汙染戰役的組織。

在可以找到無塑禮物的商店建立願望清單，或登記禮物清單

找出你最喜歡的生態友善商店，建立一份禮物清單，列出所有你想要的無塑禮物，再把連結寄給家人和朋友。如果是線上商店，記得提早詢問，確認他們不會用一般常見的塑膠填充材料（例如保麗龍球和氣泡袋）來包裝你的網路訂單，也要確認他們不會使用塑膠膠帶。

請他們送禮券

禮券能讓你從商店的所有商品中選擇無塑製品。禮券真正的好處在於，它讓你能夠要求一次體驗，而不只是要一樣東西。你收到的禮券可能讓你去餐廳享用一頓晚餐，或是去享受一日的斯堪地那維亞 spa（香朵個人的最愛），這些都可以完全無塑。

【舉辦活動】

基於便利的需求，從佈置、碗盤、名牌到參加獎，拋棄式塑膠製品似乎入侵了活動的各個角落。幸運的是，只要你願意多花點預算，就算是大規模活動中最浪費的部分也還是找得到無塑的選項。如果你已把這本書讀到這一章了，你會知道這是值得的！在大型聚會中，需要採購或提供三大基本產品：

- 飲料
- 食物
- 佈置與名牌

飲料

規劃無塑派對時，飲料是最具挑戰性的項目之一，因為液體往往會迅速損毀任何可用於堆肥的材質。此外，基於安全考量，有些場地可能會要求使用塑膠杯。我們已經討論過生物塑膠，說明它們事實上未必是塑膠產品的可靠替代品，至少目前還不是。其實生物塑膠不一定能容易或迅速地生物分解，它們只在某些情況下能拿去堆肥，也可能會含有化學添加劑，而且無法回收。

不幸的是，紙杯幾乎都有塑膠內襯。儘管有些公共堆肥單位願意接收它們，但在堆肥過程中，從內襯跑出來的微小塑膠碎片還是會以微小塑膠碎片的形式殘留在土壤中。這些碎片最後可能會被雨沖刷出來，進到河川、湖泊和海洋，它們可能會對海洋生態系統產生負面的影響。

只有在你很確定生物塑膠做的杯子可以在工業堆肥設施中安全地被處理掉（且假設舉行活動的城鎮中有這類工業堆肥專案）的時候使用這種杯子，否則你最好的選項就是使用可重複使用的不鏽鋼杯，這是大部分飲料都適用的好選擇。如果你會供應酒，就應該考慮提供真正玻璃酒杯的外燴服務，因為他們會把杯子回收、清洗、並重複使用。

可用於堆肥的無塑餐具		
產品說明與品牌	重點	價格範圍
Verterra：用掉落的棕櫚葉製成可用於堆肥的餐具（印度製）	100% 可用於堆肥，它們可以清洗並重複使用。 可在微波爐使用。	5 x 5 吋（13 x 13-cm）的碗價格是 25 件 $15（每件 $0.60 元）
Bambu：用 100% 有機認證的竹子製成可用於堆肥的餐具（中國製）	100% 可用於堆肥。有機認證。 不適用微波爐。可以裝液體。	5 x 5 吋（13 x 13-cm）的盤子價格是 100 件 $66（每件 $0.66）
Leaf Republic：用兩片葉子夾一層紙來製作的盤子，用棕櫚葉的纖維縫合（德國製）	100% 可用於堆肥。不可在微波爐使用。可盛裝液體。看起來真的很酷！	直徑 7 吋（18-cm）圓盤 100 件 46.41（屁件 $0.50）
DoEat：可食用的食器，是用馬鈴薯澱粉製作的（比利時製）	100% 可用於堆肥。可食用──可保存 6 到 12 個月。有機且不含麩質。須用海棉和水自行組裝。	9 x 2.8 吋（23 x 7-cm）容器，25 件 9.95（每件 $0.42）
Natural Value：紙做的盤子（沒有聚合物塗層）（美國製）	只要先弄碎就是 100% 可用於堆肥。可在微波爐使用。可盛裝液體。	直徑 9 吋（23-cm）圓盤 40 件 $5.21（每件 $0.13）

食物

雖然杯子的選擇很少，但食物用的餐具卻有許多真的可用於堆肥的無毒選項。它們通常是用葉子、竹板、紙漿、甘蔗等製成的，我們在前面列出的一些清單能夠提供現有可取得的各種選項。

至於刀叉，許多公司提供木製刀叉。Ecoware 提供百分百天然可用於堆肥的的樺木餐具組，且使用可回收的紙包裝。也有竹製的選項，有一家名叫 Bakey's 的印度公司，最近因為公開發表了他們的可食用餐具，在社群媒體上引起廣大迴響。這是個別出心裁的主意，希望北美很快就能買到。這種刀叉是用米和小麥混合製成的，而且還可以選擇原味、甜味和鹹味。

佈置與名牌

省略氣球和華麗的塑膠看板，只要選擇紙製品就好了。紙做的五彩碎紙、紙製看板、紙製花環、紙製彩球……應有盡有，只要點進 Pinterest 網站，就可找到上百個美麗的紙製佈置建議，綠色派對專門店也會有很多東西可選。

至於塑膠名牌，其實真的很浪費，它們往往只用一次，不能回收，就直接送到垃圾掩埋場。再強調一次，使用無塑的選項真的很簡單，比如用硬紙板或木頭 DIY，然後用棉製絲帶繫上名牌就好。

┃ 散播意識

現在，你已經開始朝無塑生活的方向做出重大改變了。你受到激勵、充飽了電，而且希望更進一步。有很多方法可以讓你將自己新發現的無塑生活意識散布出去，讓更多人知道。

你可以透過你的每個行動製造意識的漣漪，進而產生持續的影響。巴克敏斯特‧富勒（Buckminster Fuller）對進動原則（principle of precession）的解釋是「移動中的物體對其他移動中的物體所產生的效應」。所以每個移動中的物體都在創造自己的影響漣漪，其中有些漣漪會和其他漣漪相互作用，加在一起之後，影響力就會不斷擴張。以下我們簡單介紹了幾個方法與例子，說明要如何製造你自己獨特的漣漪，你可以獨自行動、也可以和你周遭的社群一起行動，可能是在地的行動，也可能是全球性的行動。

【先從承諾開始】

不如就先從對你自己個人的承諾開始吧。塑膠汙染聯盟提供了的建議是「4R 承諾」（4Rs Pledge），一種讓你自己負起責任的方式：

拒絕（REFUSE）使用

拋棄式塑膠製品，盡可能隨時隨地做到。選擇不含塑膠包裝的產品，攜帶自己的袋子、容器和刀叉。

減少（REDUCE）

你的塑膠足跡。減少消費含有過多塑膠包裝和部件的商品。如果它會留下塑膠垃圾，就不要買。

重複使用（REUSE）

耐用、無毒的吸管、刀叉、隨身容器、瓶子、袋子和其他日常用品。選擇玻璃、紙張、不鏽鋼、木頭、陶瓷和竹子來代替塑膠。

回收（RECYCLE）

那些你無法拒絕、減少或重複使用的產品。要注意你帶進生活中的那些產品的整個生命循環，從來源、製造、經銷、直到丟棄都要注意。

你可以在這裡許下承諾

🌐 www.plasticpollutioncoalition.org/take-action-1

【 參加無塑活動，或舉辦自己的活動 】

當你和其他人在同一時間一起為了相同的目標做某件事，會有股力量與啟發，會讓整個世界變得更加美好。

清理社區與海灘

有個方法可以開始正面解決塑膠問題，那就是隨時隨地撿起你看到的塑膠垃圾——以及一般垃圾。

全世界都有定期舉行的淨攤活動，可直接減少塑膠汙染。

我們家位在魁北克韋克菲爾德（Wakefield）的社區，每年春天都會舉行「村莊清理」（Village Clean-Up），呼籲整個社區的住戶利用某個週六早晨幾個小時的時間，幫忙收集之前堆積的垃圾、和那些在雪融化之後能夠看得見的垃圾。他們會組成隊伍走遍整個社區，如果需要的話，也會提供手套和袋子。小孩很喜歡這項活動，他們會非常投入，盡可能找到更多垃圾成了一項有趣的挑戰：就像個古怪的尋寶遊戲。這樣的活動中，可以創造許多樂趣和教育性。不出所料——相信你也已經猜到了——大多數收集到的垃圾都是塑膠製品，尤其是那些只用過一次的拋棄式塑膠食物包裝。

不如去參加這個可能是全世界歷史最悠久、規模最大的全球性垃圾收集活動？每年九月，美國海洋保育協會（Ocean

Conservancy）都會舉行國際淨灘行動（International Coastal Cleanup，ICC），請大家收集全世界海灘和水道上的垃圾，分辨垃圾類型，並且協助改變行為。這項活動已經進行長達三十年，二〇一五年時，近八十萬位志工在全世界超過二萬五千英哩（相當於四萬公里）的海岸線上收集到重量超過一千八百萬磅（相當於八百一十六萬五千公斤）的垃圾。你一路把這本書讀到這兒了，或許可以猜到收集數量前幾名的物品：是的，就是拋棄式塑膠產品，大部分都是食物包裝。這項數據被用來製作海洋垃圾目錄（Ocean Trash Index），這形成了全世界最大的海洋垃圾主題資料庫。透過他們的 Clean Swell app，只要從手機登入，任何人都可以迅速且輕鬆地把它們在海岸線上發現的垃圾作為重大數據加到這個資料庫中。

無塑七月

二〇一一年，蕾貝卡・普林斯 - 魯伊斯（Rebecca Prince-Ruiz）聯合她在澳洲西部珀斯（Perth）的西部大都會區域委員會（Western Metropolitan Regional Council）的同事，招募了四十個當地家庭，實施無塑生活一個月。他們的想法是要向世人證明，回收並不是真正的解決之道，應該把重點放在拒絕、減少及重複使用上。這個行動先是在當地小規模地展開，然後每年都持續擴大，直到二〇一三年正式對全世界開放。

這個活動是要讓人們對拋棄式塑膠用品產生問題意識，並挑戰人們提出問題的解決辦法。他們鼓勵大家註冊，參與的時間由當事人自行決定：一天、一週、一個月、或者更久，在這段時間裡拒絕

使用所有拋棄式塑膠用品。或者他們也可以把重點放在前四大汙染物上：塑膠袋、塑膠瓶、外帶咖啡杯和吸管。他們要求參與者攜帶一個「兩難袋」，把那些無法避免的拋棄式塑膠用品放進袋子裡，並在活動最後分享袋子裡的內容。

這個活動目前已成為全球性的行動，每年吸引超過六萬人參與，他們來自一百三十個國家的學校和組織，此外還成立了一個支援網站，寫滿無塑生活的資源和秘訣。

你可以到網站上註冊並學到很多

🌐 www.plasticfreejuly.org

無塑星期二

與其每年都過無塑生活一個月，何不每週都有一天過無塑生活？

那些關於塑膠汙染、以及塑膠如何影響野生動物的文章給了安妮米克（Annemieke）極大的影響，讓她在二〇一三年開始經營自己的部落格：「塑膠極簡主義」（Plastic Minimalism）。她認為分享自己朝向無塑生活的步驟還不夠，希望能夠讓大家更加意識到塑膠消費所創造的負面衝擊。二〇一四年，她發動了「無塑星期二運動」，這項運動只有一個最基本的規則：一個禮拜一天，不要消耗塑膠，也不要製造塑膠廢棄物。

她鼓勵參與者在社群媒體上分享經驗,並組織或透過社群分享。安妮米克現在擁有一個八人團隊,這些共同進行無塑星期二的夥伴協助她進行這項運動,他們定期邀請部落客分享無塑經驗或是專門知識。網站提供了豐富的無塑生活秘訣和工具,還提供可下載的海報,用來宣傳塑膠所製造的問題。甚至還提供配方,讓你可以自製膠水,不用塑膠膠帶就可以貼海報!

> **請上網站詳閱**
>
> 🌐 plasticfreetuesday.com (安妮米克原始的荷蘭文部落格在這裡:plasticminimalism.blogspot.nl)

展開你自己的行動

蕾貝卡和安妮米克因為不同的原因受到召喚,採取了個人發展專家托尼・羅賓斯(Tony Robbins)所謂的「重大行動」(massive action)對抗生活中的塑膠用品。而這個重大行動也成功地在全世界創造了積極正向的進動影響漣漪。

以下的例子是蕾貝卡的無塑七月所帶來的一個美麗且明確的進動影響。二〇一二年,住在澳洲墨爾本的琳賽・米爾斯(Lindsay Miles)在當地圖書館看到一張無塑七月挑戰的傳單,決定一試。她當時已有生態意識,當她看過挑戰活動中的影片「Bag It!」之後才完全頓悟。這讓她開始注意周邊議題及塑膠,也讓她確信在這一個月後,自己不太可能回去過原本的生活了。她開始大量研究及學習,並透過她的部落格(有個很合適的名字做「踏上我自己的道

路」〔Treading My Own Path〕，⊕ treadingmyownpath.com）
和一份簡便的無塑生活電子指南（名為「這叫包裝」(That's a
Wrap)）分享她的無塑知識和經驗。現在她也展開自己的行動
追隨者也越來越多。

你呢？你是否覺得受到激勵，要踏上自己的道路，展開行
動，幫助催生某些重大改變呢？塑膠最讓你困擾的問題是什麼
呢？是合成化學物質的毒性？是塑膠包裝會纏縛野生動物或讓
牠們窒息嗎？是塑膠製造商不願揭露塑膠中的化學物質嗎？不
管是什麼，就行動吧。如果你並不想採取個別行動，就跳到這
條已經坐了許多人的船上（很簡單吧），和大家一起前進，改
變這個世界吧！

【創立無塑生活的社群】

回到二〇〇八年，那時我們在我們位於魁北克韋克菲爾德
的社區籌劃了一場減少使用拋棄式塑膠袋的活動。韋克菲爾德
是一個經過認證的公平貿易城鎮，所以作為韋克菲爾德 - 桃河
（Wakefield-La Pêche）公平交易委員會的會員，我們創立了一
個塑膠替代小組來處理這個議題。它是由聰明又熱情的當地居
民所組成，由居民自願坐下來，找出這個問題最好的解決方法。

我們想出了許多的可能性：促使當地政府禁用塑膠袋、對
袋子徵收費用、或是執行教育方案，鼓勵人們在購物時攜帶可
重複使用的塑膠袋。我們決定從最後一個提議開始，看看會怎

麼發展，結果非常地成功。針對這個情況詢問當地商店老闆，請他們加入之後，我們在當地學校針對這個議題做了簡報，邀請學生製作很棒的海報，鼓勵消費者攜帶自己的塑膠袋。商店老闆非常樂於在店內展示學生充滿活力的藝術作品。我們還提供了可重複使用的袋子作為替代品，讓商店可以把東西賣給那些沒帶可重複使用的袋子、但也想有所改變的消費者。結果就像其中一位老闆形容的，塑膠袋的使用率減少了九〇％。

公平交易委員會也設立了一家非常受歡迎的當地碗盤租借館，不管是當地社區中心舉行年度加拿大日慶祝活動、還是個人在家中舉辦冬至燭光晚餐散步活動，任何人都可以來這裡登記借用活動用的盤子、杯子、玻璃杯和刀叉。我們店裡也可租借大型不鏽鋼給水器供社區活動和慶典使用，我們還會舉辦有關塑膠議題的影片放映。最近，我們贊助《怒海控塑》（A Plastic Ocean）在韋克菲爾德的記錄片影展（Wakefield Docfest）上放映，並在影片放映後組織了專題討論小組，討論我們在當地河川裡進行的塑膠微粒測試。放映片清單還包含了當地學校學生的藝術競賽，讓孩子加入絕對是打造無塑社群的關鍵。

二〇一六年，五大環流研究所舉辦了塑膠微粒收集活動，這個活動的一部分是要從循環當中去除含有塑膠微粒的產品，因此我們招募了當地家庭製作了一些裝飾得很漂亮且資訊豐富的收集箱，放在當地的商店裡。

我們目前所想到的一個最巧妙、最有效的減塑方式，是由我們的朋友在菩提衝浪瑜珈營（Bodhi Surf & Yoga Camp）和位於哥斯大黎加的非營利組織 Geoporters 進行的。在為期一年的時間裡，社區成員們不分年齡，在巴希亞巴雷納（Bahia Ballena）村落的街道上，共同參與垃圾清理行動，並利用 GPS 科技定位出每二十四平方公尺象限內收集到的固體廢棄物。

透過菩提營和 Geoporters 的協助與訓練，社區志工們將這份垃圾地圖描繪在該區域的衛星影像上，好精確定出垃圾的「熱點」（密集的垃圾累積點，例如雜貨店和社區中心附近），並策略性地把垃圾桶放置在村落各處，以便妥善地處理垃圾。垃圾和回收桶是由社區成員製作的，上面有手繪的符號和色彩繽紛的西班牙文正向資訊，促使人們採取環保行動。我們最愛的標語是無處不在的「我不丟垃圾」（Yo no tiro basura）。這則標語刻意寫得很個人，也不具批判性，不是「不要丟垃圾」這樣批判式的命令句，結果在整個社區各處所減少的垃圾量非常驚人。

這只是少數幾個想法，其實還有很多事可做，也還有極大的創意空間。有一些很明顯的可能性：禁用塑膠袋、禁用瓶裝水、禁用保麗龍、收集含有塑膠微粒的產品、放映影片、舉行專家演講活動、以及分享無塑生活秘訣的研討會。但不要害怕跳脫框架思考。

公民科學的拖網作業：拖網可以沿船邊拖曳或在河裡安置，在透過細網眼過濾廢棄物的同時，也能抓住漂浮的塑膠。

　　你可以用你喜歡的任何方式來定義社群：住家的鄰近地區、在地的酒吧、常去的圖書館，你的學校、大學、或工作場所。如果你有具體的想法，可訴諸文字，就有機會；比如說，你有興趣做點事來宣傳塑膠問題，可以在當地的圖書館張貼海報，這樣或許就能找到其他理念相近的人們提供想法和能量來協助你。事實上，這麼做或許會幫助你發現自己身邊早已存在、卻從來未曾察覺的社群。

公民科學

　　要記錄塑膠毒性和汙染問題，並促進法規與企業的改變，經過證實的高品質科學數據是非常關鍵的。身為公民，只要成為公民科學家，就可以幫忙收集這些珍貴的數據。這不需要任何正式的科學訓練或教育，只需要能產生正面影響力的渴望。

最近我們有機會穿上自家公民科學家實驗室的外套進到水裡，要處理水道中塑膠微粒汙染的問題，關鍵步驟就是要了解並評估汙染的程度。二〇一六的夏天，我們在當地的加蒂諾河（Gatineau River）參與了塑膠微粒取樣的工作。這條河是我們生活中很大的一部分，夏天的時候，我們幾乎每天都會在裡面游泳和玩耍。渥太華河警（Ottawa Riverkeeper，ORK）透過旗下科學家梅根·墨菲博士（Dr. Meaghan Murphy）協調的河川觀測計畫，和卡爾頓大學（Carleton University）的耶西·佛梅爾博士（Dr. Jesse Vermaire）攜手合作，在整個渥太華河流域的地表水進行塑膠微粒測試。當地社區的志工組織「加蒂諾河之友」（Friends of the Gatineau River）協助我們沿著加蒂諾河進行這項測試，我們也受邀沿途進行標記。

結果呢？每個樣本裡都有塑膠微粒，而且是 ORK 在整個渥太華河流域採到的每個樣本都有。大多數的塑膠微粒是微纖維，很可能來自合成布料，它們要不是透過洗衣機的廢水、就是透過殘留在水表面的空中塵粒進入河川。這是很重要的資料。你要怎樣才能成為公民科學家呢？以下有幾點建議：

● 護水者聯盟（Waterkeeper Alliance，⊕ waterkeeper.org），ORK 是它的一部分，它在世界各地都有分部。這些精力充沛的非營利組織正採取行動，保護水道並確保水質乾淨。可以聯絡社區當地的護水者聯盟，提議想幫忙進行塑膠微粒的測試，如果他們沒有在做塑膠微粒

測試，那你就正好有絕佳的機會發揮實質影響力。以 ORK 河流觀測計畫為藍本，提案幫助他們開始進行公民科學塑膠微粒的取樣計畫。

● 成為五大環流大使。二〇一〇年，非營利組織五大環流研究所（🌐 www.5gyres.org）開始一系列科學上的首度嘗試，透過遠征的方式來研究所有五個亞熱帶環流、五大湖區和南極洲的塑膠。二〇一四年，這個組織出版了第一份《全球塑膠汙染估計報告》（*Global Estimates of Plastic Pollution*），發現全世界有將近二萬七千噸（相當於二十四萬五千公噸）共五十二億五千萬片的「塑膠霧霾」。五大環流大使計畫旨在教育及培訓遍佈全球的五大環流支持者網路，採取行動對抗塑膠汙染。傑伊的死前願望清單就包括參加五大環流的遠征。

　　還有一些 APP 可作為極佳的資料收集工具：就像之前提過的美國海洋保育協會（Ocean Conservancy）的 Clean Swell app，這會讓你在走上海灘的同時也對科學有所貢獻。另外，我們能應用的還有：

●Litterati（🌐 www.litterati.org）：這是個時髦的社群，專注於找出、標記及收集全世界的垃圾。有智慧型手機的人在全世界任何地方發現垃圾，都可以將它拍照、加上地理標示及描述。這些數據會被用來和公司及組織合作，朝向全球廢棄物問題的永續解方而努力。

● 海洋廢棄物追蹤者 Marine Debris Tracker（⊕ www.marine debris.engr.uga.edu）：這是由環境工程師和廢棄物專家珍娜‧江貝克（Jenna Jambeck）協力開發的，Marine Debris Tracker app 讓任何人都能夠在世界上任何角落記錄海洋廢棄物或垃圾。

● 海洋垃圾觀察 Marine LitterWatch（⊕ www.eea.europa. eu/themes/coast_sea/marine-litterwatch）：這個 APP 是由歐洲環境署（European Environment Agency）開發的，用以收集並分享在歐洲海灘和沿岸地區的海洋垃圾。

● 海神藍澳洲海洋廢棄物倡議 Tangaroa Blue Australian Marine Debris Initiative（⊕ www.tangaroablue.org/amdi/ amdi-program.html）：包含澳洲海洋垃圾資料（Australian Marine Debris Database），提供所有市民一個有條理的方式，記錄他們在澳洲海岸線附近找到的海洋垃圾。資料庫使用的是線上表格，而非 APP。

青年採取行動

未來一片光明，而且無塑。世界各地的青年正自出發，採取深刻且具有影響力的行動來對抗塑膠的毒性和汙染。以下幾位最為活躍的年輕人，我們都曾見過，他們正在打頭陣：

● 再生世代（One More Generation，⊕ onemoregeneration. org）的奧麗薇亞‧芮斯（Olivia Reis）與卡特‧芮斯（Carter

Reis）：二〇〇九年，在奧麗薇亞與卡特分別是七歲與八歲的時候，他們就創立了再生世代（縮寫為 OMG），協助教育兒童與成人，說明瀕臨滅絕物種的困境。他們特別強調塑膠的汙染問題。過去幾年我們很榮幸能和他們合作，支持他們充滿活力的行動，包括近期他們舉辦的全球性活動：「少一根吸管承諾運動」（OneLessStraw Pledge Campaign），這個活動超級成功，並且特別鎖定個人、企業和學校，邀請人們在二〇一六年十月這一整個月，對塑膠吸管說「不」，並希望可以一直持續下去。

● 漢娜四改變（Hannah4Change，⊕ www.hannah4change.org）的漢娜・泰絲塔（Hannah Testa）：漢娜是一股不容小覷的力量，她獨力和當地的參議員進行網路連結，讓喬治亞州宣布二〇一七年二月十五日是「塑膠汙染意識日」（Plastic Pollution Awareness Day），還和該位參議員合寫了宣言的決議文。這是美國首次出現這類活動，其中除了漢娜和其他環保權威人士、政治家和企業領導人的演講，還包含了展覽和學生藝術作品。漢娜接下來的行動是什麼呢？她和夥伴組織合作，要在其他州似作出類似的宣示，目標是讓它成為另一個地球日。

● 拜拜塑膠袋（Bye Bye Plastic Bags，⊕ www.byebyeplasticbags.org）的玫拉蒂・威森（Melati Wijsen）和伊莎貝・威森（Isabel Wijsen）：看過他們的 TED 演講嗎？你一定要看。他們創立了「拜拜塑膠袋」這個社會計畫，來消除他們家鄉峇里島上的塑膠袋。他們成功說服了峇里島提督，在二

〇一八年之前讓峇里島全境禁用塑膠袋。他們說：「千萬別讓任何人告訴你，說你太年輕，或是說你根本不了解。我們不會告訴你這個行動很容易做，我們是在告訴你，這麼做會很值得。」他們已經和峇里島幾家可重複使用塑膠袋的製造商合作，建立了歡迎替代包（Welcome Alternative Bags），這是個開放平台，提供多種對環境友善的替代包袋，可用於零售及量販購物。

● 無吸管運動（Be Straw Free Campaign，⊕ ecocycle. org/bestrawfree）的米羅·克雷斯（Milo Cress）：二〇〇一年時，年方九歲的米羅·克雷斯就開始了無吸管運動，鼓勵個人及餐廳承諾不再使用塑膠吸管。他還促成了一項針對餐廳的優先提供政策：先詢問顧客是否需要吸管，而非主動提供。經過勤奮的遊說後，科羅拉多州州長宣布二〇一三年七月十一日為無吸管日。

你是否有孩子、或知道哪個孩子受到鼓舞和激勵，參與解決塑料問題？

我們的建議如下：讓他們申請加入塑膠海洋汙染解決方案（Plastic Ocean Pollution Solutions，POPS）國際青年高峰會，這是由阿爾加利特海洋研究中心（Algalita Marine Research and Education，網址 algalitayouthsummit.org）策劃的活動。這個研究中心是查理斯·摩爾船長所創立，他是第一位發現塑膠碎片在太平洋中形成漩渦湯的人，這裡現在被稱為太平洋垃圾帶。

這個驚人的機會可以為年輕的靈感和能量增壓。POPS 高峰在每年二月於加州達納角（Dana Point）舉行，集合大約一百位來自世界各地的年輕人，用為期一週的時間，和同儕分享自己的原創降低塑膠汙染計畫，並聆聽啟發人心的演講，參與涵蓋多樣主題的工作坊，這包括行動策劃、科學研究、影片製作及公開演說，以及專案與想法的推行。二〇一七年高峰會的一項活動，就是分組作出六十秒長的病毒性網路爆紅作品（歌曲、舞蹈、詩或短劇），強調塑膠汙染的問題，並在其中加入引人注目的主題標籤，呼籲眾人採取行動。接著每一組會當場表演給大家看！我們很榮幸能擔任高峰會的贊助商，也很支持阿爾加利特海洋研究中心在年輕人的教育及輔導中加入這些完好籌劃的努力，因為：

- 他們是有力且有效的領導者
- 他們心胸開闊，充滿能量
- 只要給他們一點點，他們就能做到很多
- 只要給他們一點點，他們就能做到很多
- 他們非常興奮地想要分享
- 當他們說話時，全世界都會聆聽
- 他們是積極的社群網路用戶

聯絡你投票選出來的政治人物或你仰慕的名人

在前一節你或許就已經注意到，這些各有特色的年輕人都用自己的方式去聯絡在地的政治人物，這種方式可傳遞他們自身的

訊息，並且產生具體、公開的改變。就如漢娜曾說的：「你不問，就什麼也得不到。」老實說，年輕人具有驚人的提問能力，某方面來說比成人還厲害得多。當某個年輕人提出了某個讓社區變得更宜居住的合理要求時，有哪位政治人物會希望大家知道自己否定了這個要求，甚至因此受到全國及國際性的大幅關注？

我們都知道明星的力量。著名的名人：演員、藝術家、運動員、作家、主廚、探險家、創業者、音樂家、個人發展專家及脫口秀主持人，全都擁有自動的麥克風，可以直接深入各家粉絲的心靈。這能夠充份說明為什麼唐納·川普才剛當選總統不久，李奧那多·迪卡皮歐就能夠和他見面討論氣候變遷：迪卡皮歐的生態明星身分讓他能走進門裡，而總統也期待迪卡皮歐的粉絲聽了會留下好印象。有些名人支持解決塑膠汙染問題的原因早已為人所知，包括小埃德·貝格里（Ed Begley Jr.）、傑夫·布里吉（Jeff Bridges）、法蘭·卓雪（Fran Drescher）、阿德里安·格蘭尼（Adrian Grenier）、傑克·強森（Jack Johnson）、貝蒂·米勒（Betty Midler）和艾咪·史瑪特（Amy Smart）。塑膠汙染聯盟在會員頁面加入了一張很長的名單，列出「名人」會員。

如果你有仰慕並尊敬的政治人物或明星，可以考慮聯絡他們，說明塑膠毒性或汙染議題：禁用塑膠袋、禁用塑膠水瓶、或是對於塑膠產品含有內分泌干擾物質的關切。如果你的請求

經過深思熟慮，清楚地表達，並加上可信的來源資料佐證，或許就能引起迴響，帶領他們更深刻地檢視這個議題，並採取行動去修法，或是鼓勵他們的追隨者做出正向的無塑改變。只要記得，他們都很忙，而且會不斷收到許多要求，所以記得先做好功課，好好地為說明你的請求做準備。

對你最愛的品牌施壓，要它們不用塑膠

你是否有最愛的食物或飲料，但是卻因為只能買到塑膠包裝的產品而讓你惱怒不已？

在這個可以光速傳遞社群媒體訊息的時代，有些大型企業越來越樂於接受往健康與環境永續方向改變的要求，甚至還會自己採取行動。我們已經談過個人行動可以產生有力的進動意識漣漪。同樣的，在企業層級也能產生同樣的效果。有一個很棒的例子，當丹麥大型連鎖超市 Coop 發現，在他們一千二百家店販賣的微波爆米花袋子內襯中含有可能致癌、干擾內分泌的氟化化學物質，他們就把這款爆米花從所有店裡下架，並要求供應商找出替代的選擇。大約六個月後，一家西班牙的供應商 Liven 找到了一種不需要塗層、更加強韌的天然纖維素袋子。

所以如果有特定的產品含有你不贊成的塑膠零件、包裝或化學物質，可以試著聯絡該公司，表達你的不贊成。你還可以更進一步，把產品或包裝寄回去給他們，並附上一封信說明原因。如果你有替代的解決方案，也一定要說明。批評很容易，但是當你提

出實際可行的解決方案（就算對該公司來說可能代價高昂），你的意見就可能被更加認真地看待，也會被認為較為可信。

解放你內在的無塑藝術家

對全世界的多媒體藝術家來說，塑膠已經變成了一種有利又受歡迎的媒材，而且這其實有很好的理由。塑膠的用途很多、色彩繽紛、而且容易操作。這股力量有一部分在於塑膠藝術所傳達的訊息：令人恐懼的提醒，訴說用過一次就丟的拋棄式塑膠用品（像是塑膠袋和塑膠瓶）已經入侵我們的生活和這個世界。這類塑膠藝術的神秘醚化之美、和它如何在觀者世界中激發出充滿對比、衝突的想法及情緒，往往會讓我們大為驚喜。你或許會發現顏色、質地及意象極為美麗，但你會覺得自己不應該這麼想。畢竟，這個材料本身有毒，而且造成全球性的汙染。這就是塑膠藝術的力量：它會讓你思考、感覺並反思……而且是以一種深刻、私人又是全球性的方式來進行。

以下列出了幾位藝術家，他們令人驚嘆的藝術作品一種犀利形式的美學行動主義（而且世界上還有很多這樣的藝術家）：

● 迪安娜・寇恩（Dianna Cohen，🌐 www.diannacohen.com）：如同我們在作者序中提到的，迪安娜・寇恩是塑膠汙染聯盟的創辦人兼現任 CEO，反塑膠活動者是透過她的藝術找到她的。她使用塑膠來創造 3D 的牆片拼

塊及大型的裝置藝術已經好幾年了，然後她注意到塑膠會裂開、粉碎。一開始她認為這表示塑膠是不持久的有機材料，進行了一些研究才發現，塑膠其實會造成毒性汙染。

● 克里斯・喬丹（Chris Jordan，🌐 www.chrisjordan.com）：克里斯・喬丹在其藝術作品「Midway: Message from the Gyre」中的照片已對全世界的人造成強烈的衝擊，讓大家對塑膠汙染議題產生了重大認知。你或許也曾看過這些照片（只要上Google 搜尋「胃裡有塑膠的鳥」）。這些照片顯示，那些「我們大量消費造成的碎片」，也就是塑膠，會出現在信天翁幼鳥已部分分解而能看到內部的體內，那是因為成鳥在受汙染的太平洋中覓食時，錯把那些色彩繽紛的塑膠餵給幼鳥吃，讓牠們吃下足以致死的量。

● 龐・倫巴第（Pam Longobardi，🌐 driftersproject.net）：套句她說的話：「塑膠物是我們這個時代的文化考古學」。二〇〇六年，她在夏威夷偏遠的海岸邊上發現堆積如山的海洋塑膠垃圾，於是開始了「漂流者計畫」（Drifters Project），其中包含淨灘、藝術創作及社區合作。她那不斷演變的巡迴裝置藝術是用海邊收集到的塑膠製成的，這些裝置會被重置於「以供檢視的文化環境內」。

● 麥絲・萊伯隆（Max Liboiron，🌐 maxliboiron.com）：麥絲・萊伯隆是學者、積極份子，也是藝術家，她主持了一個海洋科學與科技實驗室，專門研究塑膠汙染的公民科學與草根環境監控。她的學術著作餵養了她的藝術作品，反之亦然。她的藝術跨越各種媒材，從精心製作的互動垃圾裝置藝術、到

小型的海洋球型紀念品都有，這個紀念品含有從封閉性垃圾掩埋場撿來的石頭，而這個垃圾掩埋場在漲潮時位於水面下，裡面有來自布魯克林哈德遜河的塑膠。她會將塑膠和非塑膠混合在一起，挑戰觀眾，問他們說：「這是塑膠，或者不是？」

● 希拉・羅傑斯（Shlia Rogers，🌐 www.sheilarogersfineart.com）：沿著海岸線收集貝殼時，希拉・羅傑斯發現，貝殼已經被塑膠取代了，於是她開始收集塑膠，並用它來創作藝術作品。她這麼形容自己的作品：「……塑膠會用顏色分類，安全地放在大型的壓克力箱子裡，並以互補色彩排列展出。從遠處觀看來，做了色彩編排的組織之美會吸引觀眾與有趣的藝術碎片邂逅。然而，只要近距離觀看，就會顯示出拋棄式塑膠垃圾令人震驚的內裡」。

● 薇爾德・羅爾夫桑（Vilde Rolfsen，🌐 vilderolfsen.com）：挪威攝影師薇爾德・羅爾夫桑的＜塑膠袋地景＞（Plastic Bag Landscapes）是一些模糊的影像，可能描繪出納尼亞式的洞穴，以及發光的海藍色、寶石紅色的冰城堡。但其實不是，它們是在奧斯陸街道上發現找來的皺塑膠袋。

● 傑瑞米・卡羅爾（Jeremy Carroll，🌐 www.facebook.com/jeremycarrollstudio）：這裡有一些真正令人不安、深入思考的藝術作品。傑瑞米・卡羅爾是藝術家兼攝影師，他的展覽名為纏繞（entanglement），作品讓真實

生活中的人類和典型的海洋塑膠廢棄物纏繞在一起，這個景象一般是顯示在掙扎及窒息的水中野生動物身上。他也強調一些典型的「人類」食物和飲料，像是一盤義大利麵或是一杯沙士，都是用塑膠做成的。

● 沖刷上岸（Washed Ashore， ⊕ washedashore.org）：沖刷上岸是一個非營利的社區藝術計畫，是二〇一〇年由藝術家兼教育家安吉拉・哈塞汀・波茲奇（Angela Haseltine Pozzi）創立，在她起心動念，想要對那些沖刷著潔淨奧勒岡海灘的大量塑膠汙染做些什麼之後，她招募了上百位志工一起淨灘，之後他們用這些碎片創作出令人印象深刻的巨型雕塑，做的是那些塑膠汙染影響最大的海洋野生動物。這些比活生生的動物還大的海洋雕塑進行了巡迴展覽，造訪海洋世界、史密森尼學會（Smithsonian）等展覽地點。

那你呢？你有塑膠藝術的計畫嗎？不如就讓你內在的藝術家得到釋放吧？釋放你與生俱來的創意，對世界發出美麗卻令人不安的訊息，訴說塑膠正在製造的痛苦。這裡絕對不缺讓你創作的材料，這是非常肯定的，只要探頭往下在河道邊緣探索、或是漫步穿越都市地景就行，而最不幸的是，你很可能會找到極其充裕的貨源，可以用在你的塑膠藝術計畫裡。但是，讓它們變成有意義的藝術作品總比起進到暴雪鸌（Northern Fulmar）的肚子裡來得好些。藝術家能穿越好幾個年代、跨越好幾個社會，是真正的時代夢想家。

後記
擁抱無塑的循環生活

　　一九六二年，生物學家及保育專家瑞秋・卡森（Rachel Carson）出版了她的經典著作《寂靜的春天》（*Silent Spring*），呼籲大眾採取行動。該書以驚人的細節記錄了 DDT 對野生動物的毒性效應，這是一種廣泛使用、看似無害的殺蟲劑，DDT 是它的泛稱，學名是二氯二苯基三氯乙烷（dichlorod iphenyltrichloroethane）。書中詳細說明了此一化合物為何明顯有害：因為它會讓猛禽和其他鳥類的蛋殼變軟，導致牠們的下一代死亡。用科學的說法來講，這叫做「不孕」（reproductive failure）。

　　透過《寂靜的春天》，卡森將合成化學物質在環境中造成的危險效應推到鎂光燈下。她用一種所有人都能理解的方式，解釋這種人造毒性物質如何直接傷害野生動物，也有可能會傷害人類。該書出版之時，她因乳癌末期瀕臨死亡。她實際上是

獨力發起了一項全球性環境保護運動，影響所及，最後讓 DDT 被禁用。

二〇一五年，一篇以《塑膠汙染對海鳥的全球性威脅無所不在，且持續增加》（*Threat of Plastic Pollution to Seabirds is Global, Pervasive and Increasing*）為題、內容駭人聽聞的研究報告在美國科學期刊 PNAS（Proceedings of the National Academy of Sciences）上發表，發表此篇報告的可敬研究人員來自澳洲的聯邦科學與工業研究組織（Commonwealth Scientific and Industrial Research Organisation）和倫敦帝國學院（Imperial College London）。他們根據一八六種海鳥對塑膠的暴露及攝入進行了廣泛的全球性危險分析，以下是他們提出的關鍵發現：

- 在所有海鳥中，將近有六〇％的消化道中有塑膠。
- 根據估計，目前還存活的海鳥中，有九〇％曾經吃過某種塑膠。
- 根據目前鳥類攝入塑膠的比率以及全球塑膠產量呈指數增長的趨勢，到二〇五〇年時，所有海鳥消化道中出現塑膠的比率將達到九十九％。

目前已有大量關於塑膠汙染和各種塑膠之毒性效應的研究和資訊：其中大部分都提出了類似的震撼性發現與預測。為何這項研究會從越來越多揭露塑膠汙染影響健康和環境的研究中脫穎而出？因為它的重點就是那些可能被放進煤礦坑中，用來測試有坑

內無毒性氣體的金絲雀，直指塑膠會是另一個寂靜的春天。

有位頂尖海洋生物學家認為情況就是這樣，我們也同意他的看法，特別是考慮到有越來越多科學研究強調，從雙酚 A（BPA）到鄰苯二甲酸酯這些塑膠化學物質都會干擾內分泌。

鮑里斯‧沃姆（Boris Worm）是達爾豪西大學（Dalhousie University）的教授，也是全球海洋生物多樣性與保育的專家，他對上述研究報告發表了評論，他認為：

卡森特別強調 DDT 是一種會在環境中累積的持久性汙染物，會透過干擾繁殖週期而威脅到許多鳥類的生存。而 PNAS 期刊中也對塑膠汙染問題提出了類似的論點，只是這一次，「寂靜的春天」可能是出現在海洋當中。

他在一次的廣播訪問中解釋，自己的結論是用五十五年前瑞秋‧卡森所記錄的 DDT 寂靜的春天所做的不祥類比：

- 塑膠和 DDT 一樣，是一種全球現象，它們隨處可見，正如上述研究所說，這是一個跡象。目前仍有某些國家在使用 DDT，它在全球環境中依然很常見，DTT 會被北極的魚和海豹攝入，然後透過食物鏈進入人體。儘管北美洲早已禁用這種物質四十年之久，五大湖區（Great Lakes）卻仍然可以找到它的蹤跡。

- 問題不會自己消失。塑膠和 DDT 都是會持續存在好幾個世紀的汙染物，事實上，塑膠永遠都不會消失，它只是裂解成越來越小的碎片。

- 全球的製造量是很巨大的。大約已有一百八十萬噸（相當於一百六十萬公噸）的 DDT 被製造出來：不論用任何單位表示，這都是極大的量。目前只要每隔一天就會有同樣數量的塑膠被製造出來，這使得相當大量未經妥善管理的廢棄塑膠最後流到環境中，被野生動物攝入體內。

- 塑膠和 DDT 都會影響生殖發育。研究顯示，DDT 會對野生動物的生殖產生負面影響，尤其是鳥類和水中的野生動物。研究也顯示，來自塑膠的內分泌干擾化學物質，從雙酚 A 到鄰苯二甲酸酯，都會造成生殖系統方面的疾病。

- 塑膠和 DDT 可能都沒有直接毒性，但是它們的毒性效應卻可能透過對荷爾蒙系統的影響而顯現。DDT 會被直接噴灑在皮膚上、或是加到小孩房間的油漆裡，用來殺蚊（世界上仍有某些地區把它當作殺蟲劑使用）。塑膠也普遍見於小孩的玩具，難以置信的是，居然還有玩具仍然使用毒性極高的聚氯乙烯（PVC）塑膠樹脂來製造。

- 塑膠毒素和 DDT 都會在生物體內堆積，並隨著食物鏈往上移動，濃度變得越來越高。原本水中只有微量的 DDT，會隨著接連被浮游生物、小魚、大魚、吃魚的鳥、以及人類攝入體內，使其濃度上升到上千萬倍。除了塑膠原本就帶有的毒素，在水生環境中的塑膠還會像塊小海綿那樣，不斷地吸收周圍水中的其他化學物質，使濃度再上升到周圍水中的上

百萬倍。

正如沃姆博士所提出的，海鳥就是在全球海洋煤礦坑中試毒的金絲雀。牠們在海上生活、覓食，但會定期回到陸地上築巢，在這裡，我們可以密切地監視並研究牠們，這是其他海洋野生動物無法做到的。因此，牠們可說是我們用來監視海洋狀態的哨兵，廣義來說，是用來監視全球環境狀態的哨兵。

清除全球塑膠汙染的意圖是我們往正確方向跨出的第一步，但是這個汙染的範圍，已遠遠超出最有效的清理方法可以得到長期明顯效果的程度，因為塑膠會不斷流入環境中，而且我們要對抗的，其實是如煙霧般分散在世界各地的微塑膠顆粒。唯一實際的解決方法是從**源頭停止**，不要再將新的塑膠引進全球環境中。

我們無塑生活標誌中的「O」是一隻海龜。在這背後其實有幾個不同程度的重要意義。海龜是最常受到海洋塑膠汙染影響的野生海洋動物之一。牠們會定期吃進塑膠（*四處漂流的塑膠袋看起來很像可口的水母*），當塑膠塞住牠們的消化系統，牠們會緩慢、痛苦地死去。在北美的各種原住民文化（*包括香朵她家的休倫・溫達特〔Huron-Wendat〕文化*）中，海龜象徵著大地之母，堅忍地將世界背負在牠的背上，包括人類這個負擔。因為塑膠，人類已然創造出我們該擔當起責任的負擔。沒錯，我們都是海龜，得為我們的家人和整個世

界的福祉負起責任。

　　傑伊是被身為科學家（研究昆蟲的昆蟲學家）的父親帶大的，他的父親堅定地倡導以整體生態系統的方式來進行科學研究，也用這個方式來面對生活。「生態系統」這個詞是在一九三五年由英國植物學家阿瑟・坦斯利爵士（Sir Arthur Tansley）創造出來的名詞，用來形容「一個朝向均衡前進的過程，這個均衡或許永遠不會完全實現，但當每個發揮作用的因素都不斷且穩定地持續足夠長的一段時間，就能達成近似值。」現在的問題在於，「塑膠」這個因素已經讓我們產生危險的傾斜，偏離能夠永續、長期支持地球生物的均衡。只要有毒的微塑膠汙染遍佈地球各個角落，我們的全球生態系統就一直處於可能致命的中毒狀態。大地之母海龜的負擔顯然已經越來越重，並且朝合成物質那一方傾斜。

　　如果我們把這個問題和當代的另一個重要議題——氣候變遷——結合在一起，就能看出，我們的生態系統實際上有多息息相關。塑膠和氣候變遷都受到有毒的汙染性石化燃料（石油、煤炭和天然氣）這個「因素」影響。了解其中關連能夠幫助我們看出，我們的行動（無論是集體還是個人的行動）是必要的，都可以實際、具體地保護大地之母地球上的生命。

　　所以我們需要從源頭減少塑膠，而我們也確切看到，透過大規模集體行動，我們催化了一個全新的工業革命，去改變物品（包括塑膠在內）的製造方式。在艾倫‧麥克亞瑟基金會（Ellen MacArthur Foundation）空前行動的見證下，步向循環經濟（不讓廢棄物存在）的運動在全世界都有所成長。目前，該基金會發起的新塑膠經濟專案將關鍵利害關係人集結在一起，重新思考並重新設計塑膠的未來，先從塑膠包裝的根本問題開始。這也和從搖籃到搖籃（cradle-to-cradle）這項產品研發的生命循環策略息息相關，而這個產品研發策略是透過高瞻遠矚的「搖籃到搖籃產品創新研究所」（Cradle to Cradle Products Innovation Institute）付諸實行。這些配套策略將塑膠視為寶貴的資源，要盡可能安全且完整地取得並重複使用，而非僅僅被將它當做廢棄物丟棄。而新的塑膠研發不應該由石化燃料來進行，相反的，應該把重點放在最安全、最永續的生物塑膠上，理想的生物塑膠最好是百分之百植物基底、完全不含化學添加物，而且可用於堆肥。

　　事實上，最根本的原因還是在於個人行動，無論它會造成個人的改變還是集體的改變──這就是指「各位」。就算是大型集體活動，也都是從個人開始的。艾倫‧麥克亞瑟把他想到的點子轉變成全球行動。老實說，當上億個個人行動結合在一起時，才會產生最大的影響，並為更大的集體行動和改變奠定基礎。它們也會激勵其他個人採取行動。在零廢棄運動成為一股令人熱血沸騰的動力後，我們正見證著全世界的改變，零廢

棄部落客和商店正在各地不斷出現。

我們在第三章的開頭曾說過，我們都有「塑性腦」。這是說，我們的腦袋能夠轉化並改變，都是因為人腦固有的神經可塑性。我們的請求非常簡單：請利用你個人大腦的可塑性，創造一些有助於減少你塑膠消耗量的無塑習慣。就算只有一個簡單的習慣改變（例如拒絕塑膠吸管）也會非常驚人，而且這會因為減少對新塑膠的需求，而產生具體的效果。

本書的重點在於，為你和你的家人提供一些易於實施的工具，以保持健康，並幫助你們擺脫這個充滿毒素、汙染和合成塑膠的世界。這項任務也許會令人卻步，但只要一次前進一小步，就不一定會那麼令人氣餒。而且請記住，在你的無塑之旅中，你並不孤獨。無塑浪潮正在快速增長，如果你手中有這本書，你肯定能和我們其他人一起，乘著浪潮到世界各地。我們是一個有趣、令人投入的運動，也是一個光速生長的社群。無塑生活的創意是永無止境的。

感謝你為了我們世界的急迫需求作出循環無塑的改變。只要合力，我們就可以在中途阻止有害塑膠造成寂靜的春天，並減輕親愛的大地之母海龜的負擔，恢復健康的平衡。

繼續前進吧！

　　寫一本書就像生小孩一樣。而儘管生小孩的是父母，但他們也常接受許多人的幫助支持。我們的情況當然也是這樣。

　　感謝鼓勵我們走上這條無塑生活之旅的家人。特別感謝盧拉・辛哈（Luella Sinha）及馬拉馬利・辛哈（Malamarie Sinha），如此盡心協助我們進行本書的研究。

　　感謝我們了不起的無塑生活團隊：莎拉・威利（Sarah Wylie）、阿麗絲・瑪琳（Alise Marlane）、卡門西塔・切卡（Carmencita Checa）、亞樂・馬卡博高（Aura Macabugao）、凱瑞莎・伊薩拉帕卡（Charitha Eathalapaka）和摩根・諾德斯特龍（Morgan Nordstrom），讓寫作途中的諸多事項能順利進行。特別感謝親愛又盡責的莎拉，花了許多時間幫忙整合方便的附錄章節。

　　感謝我們所在的魁北克韋克菲爾德社區，這裡住了許多擁抱無塑生活的藝術家、音樂家、營造商、農夫與積極份子。你們在各方面從開始就一路持續支持我們。

　　感謝我們忠實且熱情的顧客，你們提供了新產品的創新，

並提出探索所有塑膠及無塑製品的問題，這不但讓我們感到意外，也給了我們啟發。

感謝我的無塑生活（My Plastic Free Life）部落格的創辦人及 Plastic Free: How I Kicked the Plastic Habit and How You Can Too 一書的作者，無塑生活專家貝絲‧泰瑞，她富有創意的生活方式及文章不斷給我們驚奇及啟發，我們很珍惜與她的友誼。

感謝高度成長的全球社群，包含活躍的個人、組織及積極的公司，他們都致力於處理塑膠汙染的問題，讓世界變得更好。特別感謝這幾年來下面這幾位所給予的啟發和支持：迪安娜‧寇恩（Dianna Cohen）及塑膠汙染聯盟（Plastic Pollution Coalition，PPC）、查理斯‧摩爾船長（Captain Charles Moore）及阿爾加利特海洋研究中心（Algalita Marine Research Foundation）、安娜‧康明斯（Anna Cummins）及馬庫斯‧艾瑞克森（Marcus Eriksen）和五大環流研究所（5 Gyres Institute），以及「垃圾是給無用之人」（Trash Is for Tossers）的部落格主人勞倫‧辛格（Lauren Singer）。我們的行動正在影響世界！

和 Page Street 出版社的美好團隊合作更是享受及尊榮。我們的編輯伊麗莎白‧希斯（Elizabeth Seise）寫來的第一封電子郵件讓我們滿心興奮，開啟了一道實現我們長久目標的門。她和出版商威爾‧賽斯特（Will Kiester）讓整個寫作跟出版的過程變得相當

夢幻。感謝你們給我們機會，並幫助我們實現這本書的夢想，
它就像我們的孩子一樣。

　　我們最深刻的感謝要獻給我們的兒子喬弟（Jyoti），他是
讓我們展開這趟驚人無塑之旅的光，每天為我們照亮旅程中的
道路。

各種無塑生活秘訣的資源

（也請查閱附錄章節最後所列出的零廢棄網站）

- 一起來 PALL：塑膠少很多（being-pall.com）
- 我的無塑生活（myplasticfreelife.com）
- 無塑七月 (plasticfreejuly.org/living-plastic-free.html)
- 無塑週二 (plasticfreetuesday.com)
- 走自己的路 (treadingmyownpath.com)

採購無塑產品

　　無論採購任何產品，都要記得把包裝列入考量。記得只能用一次的拋棄式塑膠包裝正是全球塑膠汙染問題的根源。如果某樣產品以塑膠包裝，可以問問看是否能以無包裝的方式購買，並鼓勵店家使用無塑包裝。可以詢問你的線上訂單是否能不含塑膠包裝的方式出貨，這完全是有可能的。過去十年來我們一直這麼做。

　　下列產品建議的重點在於產品是使用天然有機成分製成，並用最少或不含塑膠包裝。請注意，我們提供的是我們目前有找到的品項，

但除了下面列出的產品，可能還有其它許多無塑的選項。

專賣無塑產品的線上商店

- 少點塑膠 (lessplastic.co.uk)
- 無塑生活 (lifewithoutplastic.com)
- 單體 (www.monomeer.de)
- 無塑 (noplastic.ca)
- 無 BPA（法語）(www.sans-bpa.com)
- 無塑（西班牙語）(www.sinplastico.com/en)

【無塑膠產品】

個人護理產品

DIY 部落格及網站

- 貝絲・泰瑞的「我的無塑生活」部落格 (myplasticfreelife.com/plasticfreeguide)
- Crunchy Betty blog (crunchybetty.com/start)
- Etsy，空前的線上市集，販售二手商品、手作及手工藝產品(www.etsy.com)
- #NoToPlastic (notoplasticblog.wordpress.com)
- 雷貝卡・普林斯・魯伊斯和她無塑七月的同事 (www.plastic

freejuly.org/ personal-care.html)

- 健康媽媽 (wellnessmama.com)

肥皂

- Aquarian Bath (www.aquarian bath.com/ soap.html)
- Chagrin Valley Soap & Salve Company (www.chagrinvalley soapandsalve.com/products/for-the-body/soap-bars)
- Dulse & Rugosa (www.dulse andrugosa.com)
- Lush (www.lush.com)
- Serenity Acres Farms (www. serenitygoats.com)
- Tierra Mia (www.tierramia organics.com/collections/body)
- Unearth Malee (www.unearth malee.com/product-category/ organic-soap)
- 都市之森 (urbanforestsoap.com/ soap)

洗髮皂

- Aquarian Bath (www.aquarian bath.com/shampoo-bars-solid-shampoo-hair-soap. html)
- Chagrin Valley Soap & Salve Company (www.chagrinvalley
- soapandsalve.com/products/ natural-shampoo-bars)
- Dulse & Rugosa (www.dulseand rugosa.com)

- Emerson (www.emersonsoaps.com)
- Lush (www.lush.com)
- Nature Skin Shop (www.nature skinshop.com/hair/shampoo-bars)
- Pachamamai (www.pachamamai. com/savon/30-shampoings-naturels)
- Unearth Malee (www.unearth malee.com)
- 都市之森 (www.urbanforest soap.com/shampoo-bars)

護膚乳液

- Aquarian Bath (www.aquarianbath. com/skin-care-herbal-organic. html)
- Chagrin Valley Soap & Salve Company (www.chagrinvalleysoap andsalve.com/products/for-the-body/moisturizers)
- Dulse & Rugosa (www.dulseand rugosa.com)
- Farm to Girl (farmtogirl.com/ collections/all)
- Organic Essence (orgess.com/ shop)
- Unearth Malee (www.unearth malee.com/ product-category/ body-care)

體香劑

- Aquarian Bath (www.aquarianbath. com/skin-care-herbal-organic/ deodorant- natural-organic.html)
- Chagrin Valley Soap & Salve Company (www.chagrinvalleysoap andsalve.com/products/for-the- body/organic-deodorant)
- Hoda's Herbals (www.hodasherbals. com/collections/frontpage/products/ healing- deodorant)
- Lush (www.lush.com)
- Organic Essence (orgess.com/ product-category/deodorant)
- Mountainess Handmade (www.etsy. com/shop/mountainess)
- Primal Pit Paste (primalpitpaste. com)
- Routine (www.routinecream.com)
- Whiffcraft (www.whiffcraft.ca/ product-category/coconut-oil- deodorant)

護唇膏

- Aquarian Bath (www.aquarianbath. com/skin-care-herbal-organic/lip- balms.html)
- Burt's Bees (www.burtsbees.ca/ natural-products/lips-lip-care- beeswax-lip- balm/beeswax-lip- balm-tin.html)
- Chagrin Valley Soap & Salve Company (www.chagrinvalleysoap andsalve.com/products/for-the-face/ lip-butter-balms)
- Lush (www.lush.com)
- Mountainess Handmade (www.etsy. com/shop/mountainess)
- Organic Essence (orgess.com/ product-category/lip-balm)
- Unearth Malee (www.unearthmalee. com/product-category/body-care)

化妝品

- Keeping It Natural (www.etsy.com/ shop/KeepingItNatural)
- Kjaer Weis (kjaerweis.com)
- RMS Beauty (www.rmsbeauty.com)
- Mooncup (www.mooncup.co.uk)
- Sckoon (www.sckoon.com)

海綿衛生棉條

- Femallay–Sea Clouds (www.femallay. com)
- Jade & Pearl (jadeandpearl.com/sea- pearls)

刮鬍用具

- Fendrihan (www.fendrihan.com)
- 無塑生活 (www.lifewithout plastic.com/store/home-and-living/ bath-and-body/shaving.html)
- Men Essentials (www.menessen tials.ca)
- Rockwell Razors (rockwellrazors. com)

蜜蠟除毛

- Gentle Bees (gentlebees.co/product/body-hair-remover-pro-sugar-wax)
- Nurture From Nature (www.etsy.com/shop/Nurturefrom Nature)
- Parissa (parissa.com)
- Samasweet (www.etsy.com/ca/shop/Samasweet)
- Sundos & Silk (www.etsy.com/shop/SundosandSilk)

牙科護理用品

無塑且可用於堆肥的牙刷

- 無塑生活 (www.lifewithout plastic.com/store/home-and-living/bath-and-body/body-care.html)
- Neem Tree Farms (neemtreefarms.com/shop/neem-chew-sticks)

其它選項

- Brush With Bamboo (www.brush with bamboo.com)
- The Environmental Toothbrush (www.environmentaltoothbrush.com.au)
- Green Panda (www.the-green-panda.com)
- Miswak Stick (www.miswak stick.com)

- WooBamboo (woobamboo.com)

牙膏、固體牙膏錠和潔牙粉

- • Aquarian Bath Tooth Powder (www.aquarianbath.com/herbal-products/tooth-powders-natural-toothpaste- alternative-tooth powder.html)
- Georganics (www.etsy.com/uk/shop/ Georganics)
- Hoda's Herbals Sparkle Too thpaste (www.hodasherbals.com/collections/frontpage/products/dazzling-toothpaste)
- Lush Toothy Tabs and Powders (www.lush.ca/en/face/teeth) Pachamamai Crystal (www.pacha mamai.com/savon/home/52-crystal-dentifrice-solide-en boite-rechargeable.html)

牙線

- Dental Lace (www.dentallace.com)
- Eco-Dent GentleFloss (www.eco-dent.com/gentlefloss.html)
- Le Negri (www.lifewithoutplastic.com/store/plastic-free-dental-floss-from-natural-silk-in-metal-tin.html)
- Radius (madebyradius.com/pro ducts/natural-biodegradable-silk-floss)

- Vömel (www.sinplastico.com/en/75-dental-floss-20mts.html)

驅蟲劑
- Arcadia Natural & Handcrafted (arcadia-us.com/lip-balms-and-lotions/deet-free-bug-repellent)
- Chagrin Valley Soap & Salve Company (www.chagrinvalley soapandsalve.com/products/for-the-outdoors)
- Hickory Ridge Soaps (www.hickory ridgesoaps.com/search?q=skeeter)
- Jade & Pearl, Beat It (www.jade andpearl.com/beat-it-insect-repellent)

清潔用品
配方
- Cleaning Essentials (cleaning essentials.com)
- Earth Easy (eartheasy.com/live_nontoxic_solutions.htm)
- Green Living Ideas (greenlivingideas. com/2008/04/27/natural-cleaning-recipes)
- Keeper of the Home (www.keeperof thehome.org/homemade-all-natural-cleaning-recipes)

卡斯提爾肥皂
- Dr. Bronners' Castile Soap (www. drbronner. com)

洗衣用清潔劑
- Dizolve (www.dizolve.com)
- Pure Soap Works (puresoapworks. com/laundrypowder.htm)
- The Simply Co (thesimplyco.com)

無患子
- Earth's Berries (www.Earthsberries. com)
- Eco Nuts (econutssoap.com)
- Eco Suds (ecosudssoapnuts.com)

刷子
- Burstenhaus Redecker (www.Redecker. de)

髮刷
- 無塑生活 (www.lifewithoutplastic. com)

吸管刷
- Glass Dharma (www.glassdharma. com/accessories.php)
- The Last Straw Co (thelaststrawco. bigcartel.com/products)
- 無塑生活 (www.lifewithoutplastic. com)
- Simply Straws (simplystraws.com/collections/accessories/products/brush)

雪刷
- 無塑生活 (www.lifewithoutplastic. com)

洗碗用刷、瓶刷及食物刷

- Ecochoices (www.ecochoices. com/ecohousekeeping/ecosponges.html)
- 無塑生活 (www.lifewithout plastic.com)

廚房
雜貨購物袋

- Credo Bags (www.credobags. com)
- EcoBags (www.ecobags.com)
- Envirothreads (www.envirothreads.com/organiccotton.html)
- 無膠生活 (www.lifewithoutplastic.com)
- Stitchology (www.stitchology. com)

袋子和晾瓶架

- Wood Doing Good (wooddoing good.com)

其他袋子
散裝物、綠色蔬菜及農產品用袋

- Credo Bags (www.credobags. com)
- EcoBags (www.ecobags.com)
- Envirothreads (www.envirothreads.com)
- Life Sew Sweet (www.etsy.com/ shop/ lifesewsweet)
- 無塑生活 (www.lifewithout plastic.com)

- Vejibag.com (vejibag.com)

麵包袋

- Dans le Sac (danslesac.co)
- 無塑生活 (www.lifewithout plastic.com)
- Sax Bags (saxbags.com)

食物容器
玻璃容器

- Anchor Hocking (www.anchor hocking.com)
- Le Parfait (www.leparfait.com)
- Onyx Containers (www.onyx containers.com/17-airtight-glass-stainless-steel-containers)
- Pyrex (www.pyrexware.com/ pyrex-storage)
- Weck (weckjars.com)

不鏽鋼容器

- Clean Planetware (clean planetware.com)
- EcoLunchbox (ecolunchboxes. com/collections/lunch-boxes)
- Klean Kanteen (www.klean kanteen.com/collections/food-canisters)
- 無塑生活 (www.lifewith outplastic.com/store/eating/ bentos-and-boxes.html)
- Lunchbots (www.lunchbots.com/ products)

- Onyx Containers (www.onyx containers.com/7-lunch-containers)
- Planetbox (www.planetbox.com)
- To-Go Ware (to-goware.mybig commerce.com/food-carriers/?sort= pricedesc)
- UKonserve (www.ukonserve.com/ shop-all-products-s/53.htm)

保鮮膜與蓋子
- Abeego (Abeego.com)
- Beeswrap (Beeswrap.com)
- The Edgy Moose (www.etsy.com/ ca/shop/Edgymoosedesigns)

砧板
- Bambu (www.bambuhome.com/ collections/utensil-sets)

刮刀／鍋鏟
- Bambu (www.bambuhome.com/ collections/cutting-boards)
- Swedish Spatula: Flotsam and Fork (www.flotsamandfork.com/ products/swedish-spatula)
- Maisy and Grace (www.maisyand grace.co.nz/product/ryslinge-rubber-scraper)
- Uulki (uulki.com/shop/baking/ uulki-rubber-spatula-set)

濾水器：備長炭條
- Black + Blum (black-blum.com)

- Kishu Charcoal (kishucharcoal.com)

給水器（陶瓷與不鏽鋼材質）
- Aqua Ovo (aquaovo.com/water-filters/ovopur-origin.html)
- Dinuba (dinubawater.com)
- 無塑生活 (lifewithoutplastic.com)
- Water Crock Shop (watercrockshop. com)

氣泡水機
- Soda Stream (sodastream.com)

室內堆肥工具
- Nature Mill (www.naturemill.net)
- No Food Waste (nofoodwaste.com)
- Worm Composting(worm-composting. ca/;unclejimswormfarm.com)
- Make your own: (apartmenttherapy. com/how-to-make-your-own-indoor-compost-bin-138645;www.ecowatch. com/how-to-compost-in-your-apart-ment-1881838055.html)

咖啡和茶用器具
滴式／手沖咖啡壺
- Chemex (www.chemexcoffeemaker. com)
- Hario (www.hario.jp)
- Melitta (www.melitta.com/en/1-Cup-Por-celain-Pour-Over-Coffee-Brew-Cone-1827.html)

濾杯

- CoffeeSock (coffeesock.com)

法式濾壓壺

- Bodum (www.bodum.com)
- Frieling (frieling.com/product/ frenchpresses)
- Le Creuset (lecreuset.ca/product/ french-press)

電子滴式咖啡機

- Ratio Eight (ratiocoffee.com/ products/eight)

咖啡滲濾壺

- Farberware (www.farberware products. com/products/coffee- makers)
- Presto (www.gopresto.com/ products/ products.php?stock= 02811)

電熱水壺

　　我們曾看過以下品牌有販售全不鏽鋼內部構件且無顯示水位用透明塑膠窗的款式──記得要仔細檢查！

- Black & Decker (www.blackand decker.com/en-us/products/small- appliances/kitchen/ coffee-and- tea)
- Hamilton Beach (www.hamilton beach.ca/ kettles.html)

- Hario (www.hario.jp)

可重複使用的咖啡包囊（pod）

- Ekobrew (www.ekobrew.com)
- Mycoffeestar (www.mycoffeestar. com)
- Sealpod (sealpod.com)

可用於堆肥的咖啡包囊

- Halo (halo.coffee/collections/all)
- PurPod100 (purpod100.com)

咖啡和茶用的馬克杯

- Klean Kanteen (www.kleankanteen. com/collections/insulated)
- 無塑生活 (www.lifewithout plastic.com/store/drinking/coffee- and-tea.html)
- Takeya (takeyausa.com/shop/ coffee/ coffee-tumbler)

食物保存：裝罐、冷凍及脫水

裝罐

- Le Parfait (www.leparfait.com) Weck (weckjars.com)
- Dream Designs (dreamdesigns. ca)
- 無塑生活 (lifewithoutplastic. com)
- Rawganique (www.rawganique. co/Organic-Shower-Curtains-s/ 211.htm)

裝罐

- 無塑生活 (www.lifewithoutplastic.com/store/stainless-steel-ice-cube-tray.html)
- Onyx Containers (www.onyxcontainers.com/15-ice-cube-tray)
- RSVP Internatonal (www.rsvp-intl.com/product/endurance-ice-cube-tray)

冰棒模

- 無塑生活 (www.lifewithoutplastic.com/store/stainless-steel-ice-cube-tray.html)
- Onyx Containers (www.onyxcontainers.com/15-ice-cube-tray)

食物風乾機

- Excalibur (www.excaliburdehydrator.com/shop/dehydrators/dehydrators)
- Weston (www.westonsupply.com/Weston-Stainless-Steel-Food-Dehydrator-p/74-1001-w.htm)

烘焙紙

- Beyond Gourmet 未經漂白的烘焙紙 （可在 Amazon 購買）
- If You Care 烘焙紙 (www.ifyoucare.com/baking-cooking/parchment-baking-paper)

浴室用品
浴簾

- Dream Designs (dreamdesigns.ca)
- 無塑生活 (lifewithoutplastic.com)
- Rawganique (www.rawganique.co/Organic-Shower-Curtains-s/211.htm)

馬桶刷

- 無塑生活 (lifewithoutplastic.com)

臥室用品
床墊

- Dormio (dormio.ca)
- Dream Designs (www.dreamdesigns.ca/collections/mattress)
- NaturaWorld (www.naturaworld.com/products/product_types/mattresses)
- Naturepedic (www.naturepedic.com/toronto)
- Obasan (obasan.ca)
- Shepherd's Dream (www.shepherdsdream.ca/product-info)
- Soma Organic Mattresses (www.somasleep.ca)

寢具

- Dream Designs (www.dreamdesigns.ca)
- NaturaWorld (www.naturaworld.com/products/product_types/pillows)

- Zen Abode (www.zenabode.com)

嬰兒床墊
- Natural Rubber: Obasan (obasan.ca), Green Buds Baby (greenbudsbaby.com)
- Spring: NaturePedic (naturepedic. com)
- Wool: Organic Lifestyle (organic lifestyle.com)

衣物
衣服
- Alternative Apparel (www.alter nativeapparel.com)
- Ash & Rose (www.ashandrose. com)
- Bead & Reel (www.beadandreel. com)
- DL1961 (www.dl1961.com)
- Eileen Fisher (www.eileenfisher. com)
- Encircled (www.encircled.ca)
- Faeries Dance (www.faeries dance.com)
- Fair Indigo (www.fairindigo.com)
- Gather & See (www.gatherand see.com)
- Hempest (Hempest.com)
- HOPE Made in the World (hope made.world)
- Ibex (shop.ibex.com)
- Indigenous (www.indigenous.com)

- Kasper Organics (www.kasper organics.com)
- Kestan (kestan.co)
- Mayamiko (www.mayamiko. com)
- Mini Mioche (www.minimioche. com)
- Modernation (shopmodernation. com)
- PACT Apparel (wearpact.com)
- Patagonia (www.patagonia.com)
- People Tree (www.peopletree. co.uk)
- PrAna (www.prana.com)
- Purple Impression (www.purple impression.com)
- Raven & Lily (www.ravenandlily. com)
- SiiZU (siizu.com)
- Slum Love (www.slumlove.com)
- Shift To Nature (shifttonature. com.au)
- Thought Clothing (www.weare thought.com)
- Wallis Evera (wallisevera.com)
- YSTR (ystrclothing.com)
- Zero Waste Daniel (ZWD) (zerowastedaniel.com)

鞋子
- El Naturalista (www.elnaturalista. com/en)
- Indosole (indosole.com)

- Nisolo (nisolo.com)
- Rothy's (rothys.com/pages/about)
- Simple (simpleshoes.com)
- Toms (www.toms.com)

嬰幼兒用品
布尿布
- Babee Greens (www.babeegreens. com)
- The Responsible Mother (www. responsiblemother.com)
- Sweet Papoose (www.etsy.com/ca/ shop/SweetPapoose)

玩具
- Ava's Apple Tree (www.avas appletree.ca/playtime)
- Camden Rose (www.camdenrose. com)
- Green Heart Shop (greenheartshop. org)
- Heartwood Natural Toys (hear twoodnaturaltoys.com)
- Little Sapling Toys (www.little saplingtoys.com)
- Natural Pod (naturalpod.com/shop) Nest (nest.ca)
- Nova Naturals (www.novanatural. com)

兒童碗盤與嬰兒奶瓶
- Born Free (www.summerinfant.com/ bornfree)

- Klean Kanteen (www.kleankanteen. com)
- Life Factory (www.lifefactory.com)
- 無塑生活 (lifewithoutplastic.com) Organic Kidz (www.organickidz.ca)
- Pura Stainless (www.purastainless.
- com/ shop/infant) Timberchild (www.timberchild.
- com)

家用辦公室用具
文具、鋼筆與鐵罐膠
- Goulet Pens (www.gouletpens.com)
- Green Apple Supply (greenapple supply.org)
- 無塑生活 (www.lifewithout plastic.com)

寵物用品
毛刷
- 無塑生活 (www.lifewithout plastic.com)

寵物廢棄物堆肥式廁所
- Doggie Dooley (www.doggiedooley. com)

可用於堆肥的狗糞袋
- Biobag (www.biobagusa.com/
- products/ retail-products/pet-waste-products-retail)
- Earth Rated (www.earthrated.com/ en/home)

園藝用品
工具
- Bambu (www.bambuhome.com/collections/garden)

土壤圍欄
- Johnny's Selected Seeds (www.johnnyseeds.com/tools-supplies/seed-starting-supplies/soil-block-makers)
- Soilblockers (www.soilblockers.co.uk)

可用於堆肥的花盆
- Ecoforms (www.ecoforms.com)
- Western Pulp (www.westernpulp.com/nursery-greenhouse)

水管
- ClearFlow (clearflowwaterhose.com)
- Water Right (www.waterrightinc.com)

【隨時隨地過無塑生活】
便當盒
三明治袋
- Fluf (www.fluf.ca/collections/snack-packs)
- 無塑生活 (www.lifewithoutplastic.com)
- Mother Earth Reusables (www.etsy.com/shop/MotherEarthReusables)
- Natural Linens Boutique (www.natural-linensboutique.com/shop-1/organic-reus-able-sandwich-bags)

午餐容器及便當盒
- Bento & Co (en.bentoandco.com) Eco Lunch Box (www.ecolunchbox.com)
- Fluf (fluf.ca/collections/classic-lunch)
- Joli Bento (jolibento.com)
- 無塑生活 (www.lifewithoutplastic.com)
- Lunchbots (www.lunchbots.com)

保溫便當
- Klean Kanteen (www.kleankanteen.com)
- Lunchbots (www.lunchbots.com) Thermos (www.thermos.com)

保冰袋
- 無塑生活 (www.lifewithoutplastic.com/store/plastic-free-flask-ice-pack-6-oz.html)
- Onyx Containers (www.onyxcontainers.com/20-ice-cubes)

午餐袋與午餐盒
- L. May Manufacturing (www.lunchbox.ca)

335

- 無塑生活 (www.lifewithout plastic.com)
- LunchBox (www.lunchbox.com)
- Planetbox (www.planetbox.com)

多層提鍋
- Clean Planetware (cleanplanetware.com)
- Happy Tiffin (www.happytiffin.com/latch-tiffins.html)
- 無塑生活 (www.lifewithout plastic.com)
- Onyx Containers (www.onyx containers.com)
- To-Go Ware (to-goware.mybig commerce.com/food-carriers)

【 餐廳和外帶 】
瓶子和馬克杯
陶瓷
- Earth-In Canteen (www.earthinusa.com)

玻璃
- BottlesUp (www.bottlesupglass.com)
- Faucet Face (www.faucetface.com)
- First Glass Design (firstglassdesign.com)
- Love Bottle (lovebottle.com)
  Soul Bottles (www.soulbottles.de)

不鏽鋼
- Camelback (www.camelbak.com/en/bottles/stainless-steel)
- Hydro Flask (www.hydroflask.com)
- Klean Kanteen (www.kleankanteen.com)
- S'well (www.swellbottle.com)

咖啡和茶用的馬克杯
- Contigo (www.gocontigo.com/mugs)
- Ecoffee Cup (ecoff.ee)
- Klean Kanteen (www.kleankanteen.com/collections/insulated)
- 無塑生活 (www.lifewithout plastic.com/store/drinking/coffee-and-tea.html)
- Takeya (takeyausa.com/shop/coffee/coffee-tumbler)

刀叉
- Bambu (www.bambuhome.com)
- Justenbois (www.justenbois.com/en)
- 無塑生活 (www.lifewithout plastic.com)
- To-Go Ware (to-goware.mybig commerce.com/bamboo-utensils)

不鏽鋼
不鏽鋼
  Ecojarz (ecojarz.com/search.php?search_query=straw)

無塑生活 (www.lifewithout
plastic.com)

玻璃

- Glass Dharma (www.glassdharma.
  com)
- Simply Straws (simplystraws.
  com)
- Strawesome (www.strawesome.
  com)

紙製

- Aardvark Straws (www.aard
  varkstraws. com)
- Straw Straws (www.strawstraws.
  com)

竹子

- Bambu (www.bambuhome.com/
  products/bamboo-straws)
- Brush With Bamboo (www.brush
  withbamboo.com)
- Straw Free (strawfree.org)

蘆葦桿

- Kids Think Big (kidsthinkbig.
  com/product/ktb-reed-straws)

稻桿

- Straw Straws (www.strawstraws.
  com)

旅行

旅行必需品

- Bambu (www.bambuhome.com/
  collections/travel-accessories)
- 無塑膠生活 (www.lifewithout
  plastic.com)
- Rawganique (www.rawganique.
  com)

行動式給水器

- Dinuba (dinubawater.com)
- 無塑生活 (lifewithoutplastic.
  com)

室內與戶外運動用品

瑜珈墊

- Biovea (biovea.com)
- Dusky Leaf (duskyleaf.com)
- Jade (jadeyoga.com)
- Maduka (maduka.com)
- Rawganique (rawganique.com)

睡袋

- Holy Lamb Organics (www.
  holylamborganics.com)
- Wool Sleeping Bag (www.
  woolsleepingbag.com)

帳棚與印地安帳篷

- Arctic Canada Trading (arcticcanada
  trading.com)
- Canvas Camp (www.canvascamp.
  us)

- Canvas Tent Shop (www.canvas tentshop.ca)
- Fort McPherson (fortmcpherson.com)
- Salcedo Custom Tipi (www.salcedocustomtipi.com/custom.html)

【散播無塑生活方式】
可用於堆肥的餐具與刀叉
- Bakey's (www.bakeys.com)
- Bambu Veneerware (www.bambuhome.com)
- Do Eat (www.doeat.com/en)
- Ecowares (eco-ware.ca/products-4)
- Hampi Natural Tableware (www.naturaltableware.com)
- Leaf Republic (leaf-republic.com)
- Natural Value (naturalvalue.com)
- Repurpose Compostables (www.repurposecompostables.com)
- Verterra (www.verterra.com)

書籍
- Andrady, Anthony L., ed., *Plastics and the Environment*, Hoboken, NJ: John Wiley & Sons, 2003.
- Beavan, Colin, *No Impact Man: The Adventures of a Guilty Liberal Who Attempts to Save the Planet and the Discoveries He Makes About Himself and Our Way of Life in the Process*, Toronto: McClelland & Stewart, 2009.
- Braungart, Michael and William McDonough, *Cradle to Cradle: Re-Making the Way We Make Things*, London: Vintage, 2009.
- Colborn, Theo, Dianne Dumanoski and John Peterson Myers, *Our Stolen Future: Are We Threatening Our Fertility, Intelligence, and Survival? A Scientific Detective Story*, New York: Penguin, 1997.
- Dadd, Debra Lynn, *Toxic Free: How to Protect Your Health and Home from the Chemicals That Are Making You Sick*, New York: Penguin, 2011.
- Freinkel, Susan, P*lastic: A Toxic Love Story*, New York: Houghton Mifflin Harcourt, 2011.
- Gillespie, Manda Aufochs, *Green Mama: Giving Your Child a Healthy Start and a Greener Future*, Toronto: Dundurn, 2014
- Humes, Edward, *Garbology: Our Dirty Love Affair with Trash*, New York: Penguin, 2012.
- Imhoff, Daniel, *Paper or Plastic: Searching for Solutions to an Overpackaged World*, San Francisco: Sierra Club Books, 2005.
- Johnson, Bea, *Zero Waste Home: The Ultimate Guide to Simplifying Your Life by Reducing Your Waste*, New York: Scribner, 2013.

- Leonard, Annie, *The Story of Stuff: How Our Obsession With Stuff is Trashing the Planet, Our Communities, and Our Health - and a Vision for Change*, New York: Free Press, 2010.
- Moore, Captain Charles, *Plastic Ocean: How a Sea Captain's Chance Discovery Launched a Determined Quest to Save the Oceans*, New York: Penguin, 2011.
- Smith, Rick and Lourie, Bruce, *Slow Death By Rubber Duck: How the Toxic Chemistry of Everyday Life Affects Our Health*, Toronto: Knopf Canada, 2009.
- Smith, Rick and Lourie, Bruce, *Toxin Toxout: Getting Harmful Chemicals Out of Our Bodies and Our World*, Toronto: Vintage Canada, 2013.
- Stevens, E.S., *Green Plastics: An Introduction to the New Science of Biodegradable Plastics*, Princeton, NJ: Princeton University Press, 2002.
- Taggart, Jennifer, *Smart Mama's Green Guide: Simple Steps to Reduce Your Child's Toxic Chemical Exposure*, New York: Hachette, 2009.
- Terry, beth, *Plastic Free: How I Kicked the Plastic Habit and How You Can Too*, New York: Skyhorse Publishing, 2012 (updated in 2015).
- Tolinski, Michael, *Plastics and Sustainability: Towards a Peaceful Coexistence between Bio-Based and Fossil Fuel-Based Plastics*, Salem, MA: Scrivener, 2012.
- Vasil, Adria, *Ecoholic*, Toronto: Vintage Canada, 2007.
- Vasil, Adria, *Ecoholic Body*, Toronto: Vintage Canada, 2012.
- Vasil, Adria, *Ecoholic Home*, Toronto: Vintage Canada, 2009.

童書

- Harper, Joel, *All the Way to the Ocean*, Claremont, CA: Freedom Three Publishing, 2006.
- Harper, Joel, *Sea Change*, Claremont CA: Freedom Three Publishing, 2015.
- McLaren, Goffinet, *Sullie Saves the Seas*, Pawleys Island, SC: ProsePress, 2011.
- McLaren, Goffinet, *Sullie Saves the Seas: A Story Coloring Book*, Pawleys Island, SC: St. Charles Place Publishing, 2011.
- Mech, Michelle, *Ocean Champions: A Journey into Seas of Plastic*, Salt Spring Island, BC: Michelle Mech, 2017.

- Moser, Elise, *What Milly Did: The Remarkable Pioneer of Plastics Recycling*, Toronto: Groundwood Books, 2016.

電影及影片

- Addicted to Plastic (www.crypticmoth.com/plastic.php)
- All the Way to The Ocean (vimeo.com/ondemand/allthewaytothe-ocean/160024055)
- A Plastic Ocean (www.plasticoceans.org)
- A Plastic Tide (news.sky.com/video/special-report-plastic-pollution-in-our-oceans-10742377)
- Bag It (www.bagitmovie.com)
- How Microbeads Are Causing Big Problems (youtu.be/Bic7QEVRNe4)
- Investigating Plastic Pollution: The Basics (www.algalita.org/video/plastic-pollution-a-serious-threat-to-the-environment- april-2013)
- Let's Ban the Bead (storyofstuff.org/movies/lets-ban-the-bead)
- Midway (www.midwayfilm.com)
- Open Your Eyes (youtu.be/9znvq IkIM-A)
- Plastic Paradise (plasticparadise movie.com)
- Plastic Planet (www.plasticplanet-derfilm.at)
- Plastic Shores (plasticshoresmovie.com)
- Plastic State of Mind (youtu.be/koETnR0NgLY)
- Straws (www.strawsfilm.com/media-horizon)
- Tapped (tappedmovie.com)
- The Story of Bottled Water (storyofstuff.org/movies/story-of-bottled-water)
- The Story of Microfibers (storyofstuff.org/movies/story-of-microfibers)

【組織】
塑膠汙染相關

- Algalita Marine Research and Education (www.algalita.org)
- 無吸管（Be Straw Free）(www.ecocycle.org/bestrawfree)
- 擺脫塑膠（Break Free From Plastic）(www. breakfreefromplastic.org)
- 城市到海洋（City To Sea）(www.citytosea.org.uk)
- 艾倫‧麥克亞瑟基金會（Ellen MacArthur Foundation）(newplasticseconomy.org)
- 藍色任務（Mission Blue）(www.mission-blue.org)
- 海洋保護協會（Ocean Conservancy）(www.oceanconservancy.org)
- 再一代：再少一根吸管（One More Generation—OneLessStraw）(onemoregeneration.org &

onelessstraw.org)
- 塑膠變遷（Plastic Change）
  (plasticchange.org)
- 無塑課程
  （Plastic Free Curriculum）
  (www.plasticfreecurriculum.org)
- 無塑島嶼
  （Plastic Free Island）
  (www.plasticfreeisland.com)
- 塑膠海洋基金會
  （Plastic Oceans Foundation）
  (www. plasticoceans.org)
- 塑膠海洋計畫
  （Plastic Ocean Project）
  (www.plasticoceanproject.org)
- 無塑菲律賓
  （Plastic Free Philippines）
  (plasticfreephilippines.com)
- 塑膠汙染聯盟
  （Plastic Pollution Coalition）
  (www.plasticpollutioncoalition.org)
- 塑膠濃湯基金會
  （Plastic Soup Foundation）
  (www.plasticsoupfoundation.org)
- 塑膠潮（Plastic Tides）
  (plastictides.org)
- 河流看守者（Riverkeeper）
  (www.riverkeeper.org)
- 東西的故事（Story of Stuff）
  (www.storyofstuff.org)
- 無吸管（Straw Free）
  (strawfree.org)
- 吸管大戰（Straw Wars）

(strawwars.org)
- 對抗污水的衝浪者
  （Surfers Against Sewage）
  (www.sas.org.uk/messageinabottle)
- 衝浪者基金會
  （Surfrider Foundation）
  (www.surfrider.org)
- 五大環流
  （The 5 Gyres Institute）
  (www.5gyres.org)
- 最後的塑膠吸管
  （The Last Plastic Straw）
  (thelastplasticstraw.org)
- 跳脫塑膠思考
  （Think Beyond Plastic）
  (www.thinkbeyondplas- tic.com)

塑膠毒性相關
- 乳癌預防夥伴（Breast Cancer Prevention Partners）
  （前身為乳癌金會，Breast Cancer Fund）
- 環境保衛（Environmental Defense）(environmentaldefense.ca)
- 環境工作組織（Environmental Working Group）(www.ewg.org)
- 健康兒童，健康世界（Healthy Child, Healthy World）(www.healthychild.org)

零廢棄相關

- 智慧處理廢棄物（Be Waste Wise）(wastewise.be)
- 自助餐文化（Cafeteria Culture）(www.cafeteriaculture.org)
- 展開零廢棄生活（Going Zero Waste）(www.goingzerowaste. com)
- 無垃圾（Litterless）(www.litterless.co)
- 來去巴黎（Paris To Go）(www.paris-to-go.com)
- 減塑之家（PAREdown Home）(www.paredownhome. com)
- 零廢棄女孩（The Zero Waste Girl）(thezerowastegirl.com)
- 垃圾是給沒用之人（Trash is for Tossers）(www.trashisfortossers. com)
- 零廢棄主廚（Zero Waste Chef）(zerowastechef.com)
- 零廢棄之男（Zero Waste Guy）(zerowasteguy.com/blog)
- 零廢棄之家（Zero Waste Home）(www.zerowastehome. com)

（也可以查看食物 app「BULK」，尋找你家附近的無包裝食物商店，或是加入你在自己家附近發現的新店家：zerowastehome.com/app）

Life 11

戒除塑膠的健康生活指南

不用塑膠，其實是為了健康？關於環保，我不能做好回收工作就好嗎？解答你的無塑難題！

Life Without Plastic: The Practical Step-by-Step Guide to Avoiding Plastic to Keep Your Family and the Planet Healthy

作者　傑伊·辛哈及香朵·普拉蒙登
　　　Jay Sinha & Chantal Plamondon
譯者　黃怡雪
企畫選書　張維君
責任編輯　梁育慈
特約編輯　簡玉如、謝佳穎
裝幀設計　製形所
內頁排版　王氏研創藝術有限公司

總編輯　張維君
行銷主任　康耿銘

社長　郭重興
發行人暨出版總監　曾大福
出版　光現出版
網址　http://www.bookrep.com.tw
電子信箱　serice@bookrep.com.tw

發行　遠足文化事業股份有限公司
地址　231 新北市新店區民權路 108-2 號 9 樓
電話　(02) 2218-1417
傳真　(02) 2218-8057
客服專線　0800-221-029
法律顧問　華洋國際專利商標事務所／蘇文生律師
印刷　成陽印刷股份有限公司

初版　2019 年 8 月 14 日
定價　380 元
ISBN　9789869620284

版權所有　翻印必究
如有缺頁破損請寄回

Printed in Taiwan

LIFE
Let them eat cake.